살수록
괴로운 집

자연에 · 좋은 집에 · 멋진 나날들

살수록 고따운 집

초판   2019년 5월 20일

지은이   원대연
펴낸이   원동호 donghowon@hotmail.com
편집 디자인   유림문화사
인   쇄   대한문화

펴낸곳   플러스북스
주 소   경기도 성남시 분당구 분당대로 393. A동 1606호(정자동 두산위브 파빌리온)
출판등록 2018년 11월 27일

값은 표지뒷면에 있습니다.
잘못 만들어진 책은 구입한 곳에서 바꾸어 드립니다.
이 책에 실린 모든 내용의 저작권은 저작권자에 있으며
서면을 통한 출판권자의 허락없이 내용의 전부 혹은 일부를 사용 할 수 없습니다.

자연에 · 좋은 집에 · 멋진 나날들

살수록 고빠은 집

글 · 그림
원 대 연

들어가며
자연에 깃들어 사는 집

요즈음 도시건 농촌이건 어디를 가나 아파트가 눈에 들어온다. 땅값이 도시에 비해 비교적 싼 시골에도 초고층아파트가 여기저기 우후죽순처럼 들어서고 있어서 이대로 계속되면 전국의 풍경이 비슷해져 버릴 지도 모르겠다.

아파트는 그런대로 분명한 장점을 가지고 우리 사회에 뿌리내렸고 주거 생활에 긍정적인 역할을 한 점도 부인할 수는 없지만, 공장에서 만든 가전제품처럼 판에 박은 듯한 공간을 대량생산, 공급하다 보니 주거 문화 역시 대동소이 해져버린 현실을 걱정하게 되는 것이다.

모두가 비슷한 공간에서 태어나서 같은 환경에서 자라며 동일한 체험을 하고 규격화된 인간으로 자란다면, 창의력을 기본으로 개성을 내보이며 살아가야 할 미래의 세대에게 과연 무엇을 기대할 수 있을지 의문이다. 늦게나마 뜻을 세워 전원으로 나서려 해도 그 용기가 실천으로 이어지기 위해서는 좋은 길잡이가 있어야 되는데, 그마저 여의치 않아 시작도 하기 전에 주저앉기 십상이다.

우선 장소를 정했다 하더라도, 새로 집을 마련하기 위해서는 앞으로 펼쳐질 현실에 대한 대책이나 개인 시간 활용에 대한 면밀한 준비 작업이 필요하며, 다소 시간이 걸리더라도 실수를 줄이기 위한 방법을 강구해야만 한다.

필자는 지금 서울을 떠나 충북 진천에 터를 잡고 이원아트라는 이름으로 미술관과 주거 시설을 짓고서 살아가고 있다.

이곳에 자리 잡은 지 어느덧 20년이 훌쩍 넘었는데 그동안 건축가로서 마을 만들 듯 여러 채의 건물을 계속 짓고 보수하고 관리하며 지내 왔다. 그러면서 평생 몸담고 살았던 도시에서 집을 설계하고 짓던 것과는 전혀 다른 어려움을 몸소 체험했다.

전국 어디서나 흔히 보는 아파트는 50여 년 전에는 생소한 것이었고, 집 짓는 일은 당연히 개인 주택뿐이었다. 그것이 건축 설계사무소의 주 수입원이었고 그당시 대부분의 건축가들도 주택 설계를 통해 성장했다. 설계 작업은 집을 짓고자 하는 사람과 마주하면서 다양한 주문을 해석하고 대두되는 어려움과 씨름하는 과정이다. 요즈음처럼 누가 살지도 모르는 채 그려내는 때와는 사뭇 달랐다.

숱한 주택 설계와 건축으로 어느 정도 경험이 축적되었을 즈음 이 땅에 대형 건축물이 들어서기 시작했다.

1975년에는 롯데호텔 작업에 참여하게 되었고, 이어서 잠실의 롯데월드와 민속관의 설계에서 공사까지, 압구정 현대백화점과 여의도 63빌딩에도 관여하게 되고, 나아가 그 소유주들의 주택까지 설계하기도 했다.

소형 주택에서 시작했던 일이 큰 일과 다양한 사람들을 만나면서 책임도 커졌다. 그 후로도 계속 많은 일을 해 나가면서 너무나 배울게 많음을 절실하게 느끼고 있다. 지금까지도. 일을 하는 동안 내게는 '보다 나은 집이란 어떤 것인가?' 하는 질문이 늘 따라다녔다.

스스로를 넘어서기 위해 수시로 국내는 물론이고 해외의 유명한 건축물을 섭렵하듯 찾아나서 견문을 넓히고 정보를 얻고 내적인 성장의 원동력으로 삼았다. 여행도 좋아하지만, 사진 찍는 일도 좋아해서 그 수준은 당시 전문가 소리를 들을 정도였다. 돌이켜 보면 여행과 사진은 나에게 스승이었고 삶의 일부분이었다.

경제나 정치의 안정과 관계없이 사람 사는 곳은 어디든 그들 나름대로 분위기를 보여 준다. 우리에게도 한옥마을이라든지 돌이 특히 많은 곳, 토산품이나 특산품이 생산되는 곳이라든지 꽃이 많은 곳 등 인위적인 의도 없이 자연스럽게 전통이 생겨나고 고유성을 갖는 것을 드물게 볼 수도 있다. 그러나 국토 전체적으로 보면 불행하게도, 수천 년을 살아온 흔적들이 없어지고 어디를 가나 똑 같은 모습으로 초라하기만 하다.

타지에서 이주해 온 뜨내기 모습과 다를 바 없다. 이곳 진천도 예외가 아니다. 관에서 주도하는 문화공간은 편의 시설에 불과하고, 내용이나 영혼이 담기지 않아 온기와 체취가 없고, 살고 있는 사람들의 이력서가 되지 못하는 상태로 무엇보다 뿌리가 없어 보이는 것은 내 생각만은 아닐듯 하다.

진천으로 이주를 결심하고 기거할 첫 주택 상촌재를 지은 뒤, 현장에 들어와 땅에 맞는 건물로 미술관을 지어 갔다.

한 덩이의 웅장한 건물보다는 대지에 여러 채로 나누어 펼쳐서 낮게 짓고 그 사이사이에 꽃과 나무를 심고 작은 뜰을 두는 것을 땅의 요구로 풀이했다. 거의 1만평 가까운 땅에다 소나무들을 들여와 숲을 만들 듯 공원을 조성하고 그 사이사이에 여러 동의 전시관을 포함하여 크고 작은 건물들을 지어놓았다.

일본 가루이자와라는 마을을 찾았을 때 그 작은 한 마을에 수십 개의 미술관과 전시관이 산재해 있는 모습을 보고 큰 충격을 받았던 기억이 아직도 생생하다.

우리에게는 낯설게도 저들은 예술 문화가 생활화 되어 있어서 사소한 것 까지도 가꾸고 지키고 있는 것을 본 것이다.

평생 건축을 본업으로 하면서, 플러스건축이라는 이름으로 건축설계와 인테리어 디자인을 하고 많은 집을 짓고, 건축디자인 전문 월간지를 발행하며 직간접 경험을 해 왔으나 자연에 집을 짓는 일은 완전 새로운 일로 그리 간단치 않은 과정을 겪었다.

미술관을 찾아 전국 각지에서 오는 사람들을 만나며 무수히 많은 질문을 받았다. 건축에 대해서는 물론이거니와 자연 속에 사는 나의 삶에 대한 궁금증도 있었다.

남에게서 받는 갖가지 질문 속에서 내 스스로를 바라보게 되었고 매번 반복되는 질문과 대답을 통해 생각이 깊어지고 정리하는 기회가 되었다.

이곳을 찾아왔던 상당수의 사람들이 집 짓는 일에 관심이 많은 것에 비해서 중요한 핵심은 미처 모르고 있고 또 다소 경험이 있는 이들 조차도 정작 알아야 할 것에는 많이 벗어나 있음을 보게 되었다.

사람이 살아가는 데 기본이 되는 의식주 중에서 옷이라든가 음식에 대해서 우리네는 모두 민감하고 상식 이상으로 관심이 많다. 웬만한 사람들은 전문가 이상의 식견을 갖고 있기도 하다.

그러나 정작 집에 대해서는 안목이 턱없이 부족한 채 아무렇지 않게 살아 가고 있는 것이 현실이다. 기껏 건물의 평수나 위치 내지는 부동산으로서의 가치라든가 집 지은 건설회사가 관심의 전부인 듯하다. 나에게 맞는 집, 내 개성에 맞는 공간은 어떤 것인지 생각해 본적도 없고, 각자 삶의 경험이 지혜가 되어 시간과 함께 형성되는 건축문화가 부족하다고 말하는 것이 정직한 표현이 되겠다.

이제는 한국인의 주거특성을 무엇이라 해야 할지 대답하기 힘든 난감한 현실이 되고 말았다. 꿈에 부풀어 자연 속에 짓고 있는 집들을 보더라도 그 속을 들여다보면 대개는 도시에서 살던 아파트 구조를 단독주택으로 옮겨 놓은 것이어서 결국 지금껏 살아왔던 틀에 머물며 개성 없는 집에서 벗어나지 못하고 있음을 보곤 한다. 그저 장소만 바뀌었고 창밖의 풍경만 바뀌었을 뿐이다.

나만의 고유공간으로 나만의 맞춤공간이 되어야 하는데 안목의 한계를 벗어나지 못하는 것이다. 결국 집이라는 것도 아는 만큼 짓게 되는 것 같다.

집짓는 일은 오랜 시간을 거친 삶의 경험과 생활을 통해 얻는 지혜가 축적된 기초위에 세워져야 한다. 이러한 지혜는 잘 알다시피 돈으로 살 수 있는 것도 아니고 높은 학문적 성과로도 얻어지는 것이 아니라는 데 어려움이 있다. 단지 우리가 할 수 있는 일은 이 지구상에 사람이 살아가고 있는 많은 집들을 살펴보고 어떤 원칙을 발견하여 도움을 받는 것이 좋다.

사실 이러한 일은 말이 쉽지 한정된 삶을 살아가는 우리로서는 감당키 어려운 작업일 수 있다. 따라서 새로운 것은 없다고 생각하는 것이 무난한 자세이고, 이 세상 어디엔가 있는 것을 개선 내지 개량해가며 시행착오를 줄이고 나에게 맞는 가능성을 찾고, 동시에 나 이외에 어느 누군가 다른 사람에게도 유효한 보편성을 띄는 집으로 완성해 가는 것이 바람직한 태도가 아닐까 생각한다.

이 책이 이야기하는 내용은 한 사람의 건축가로서 그동안 시골에 내려와 집을 지으면서 겪은, 많은 시행착오를 해오며 얻은 지식과 경험을 토대로 얻은 것들이다. 따라서 살수록 고마운 집에 대해 이야기하고 있는 것이지 결코 아름답고 멋진 집이 목적은 아니다.

아름다움에 치중해 형태를 쫓다보면 유지관리에 어려움이 있을 수 있고 때로는 쓸고 닦는 노동력의 지속적인 뒷받침이 부담이 될 수 있다. 넓은 터의 그림 같은 잔디 정원은 때로는 짐이 되기도 하고 또 예측할 수 없이 발생하는 관리비용도 문제지만 제때에 기술자를 쉽게 구하지 못하는 경우는 더 큰 불편을 겪는다. 한 마당에서 의기투합하여 여러 가족이 오순도순 모여 살도록 지은 예쁜 집들은 경제적인 면에서도 큰 장점이 있고, 뜻을 같이 하며 어울린다는 좋은 점이 있는 반면에 시간이 경과하면서 사람 관계에 변화가 있기 마련이라 처음의 의도가 변질되면서 오히려 감당 못하는 부담이 될 수도 있다.
처음부터 훗날까지의 결과를 예측하고 계획하길 주문해 본다.
이 책을 통해 내가 본 것들을 모아서 꼭 알고 있어야할 것들로 일단 정리하여 보았다. 그리고 곁들여 보여주는 건축평면도와 그림들, 또 그에 따른 해설을 통하여 건축적인 훈련이 안된 비 전문가들에게 개성있는 삶과 집을 꾸려가는데 있어서 길잡이로서 참고가 되거나 그동안 이렇다 할 안목이 부족 했거나 별 관심 없이 갇혀 있던 사고의 지평을 넓히려는 이에게 작은 실마리가 되었으면 한다.

모든 사람들의 얼굴이나 성격이 제 각각 인것 같이 우리네 삶은 각자 개성이 존중되어야 마땅 하다. 따라서 생활 방식이나 주거 형태와 공간 처리에 있어서도 세상에 하나 밖에 없는 것으로 독립성을 갖기를 바라는 것도 당연한 일일 것이다.
도시라던가 자연 어디에 살건 사람이 쾌적하게 살아 간다는 것은 결코 쉬운 일은 아니다. 단지, 도시의 경우는 편의 시설이 많고 주위에 사람도 많아 예기치 못한 어려움에 대해서 비교적 안심이 가지만 상대적으로 인구 밀도가 적은 자연에서는 같은 어려움도 도시보다 힘든 일이 될 수 있다. 그렇기에 자연에 마음을 두거나 자리를 마련 하려는 사람들에게는 계획 초기 단계에서 부터 제대로된 집을 준비하는 과정을 거치는 것은 예기치 못한, 돌이킬 수 없는 시행착오를 줄여나가야만 하는일 이기에 신중하게 접근 해야 한다. 그런연후에 병행하여 내땅에 들어서는 나의 집의 개성까지도 생각해야 하는것이다.

그리고 앞에서 언급된 이원아트빌리지에 대한 내용은 이책 뒤에 부록으로 소개 해 두었다.

Ⅰ. 자연에…

들어가며

자연에 ··· 4

자연과 함께하는 삶을 위한 마음가짐

   1. 자연의 리듬에 순응하자 ··· 30

   2. 과장된 형태는 인격을 드러낸다 ································· 31

   3. 땅 사용설명서 ··34

   4. 내 땅을 얼마나 이해하고 있는가? ·······························36

   5. 스스로 경관을 만들자 ··38

   6. 주변 환경을 꼼꼼히 살피자 ···40

   7. 집의 용도를 결정하는게 먼저다 ·································41

   8. 남향에 대하여 ··46

   9. 땅의 개성 찾기 ··47

   10. 자연에 맞춰 집 세우기 ··50

   11. 주말주택은 관리 문제가 우선이다 ··························52

Ⅱ. 좋은집에…

조화를 이루는 것이 중요하다

   12. 집의 뒤쪽에도 배려한다 ···62

   13. 지붕이 있는 테라스의 활용 ··63

외관을 결정하는 지붕의 형태

   14. 평면지붕과 경사지붕 ···72

   15. 지붕에서 바닥으로 물흠통을 설치하자 ·······························73

공기와 시선의 흐름을 만드는 집 안 공간 배치

   16. 내부 칸막이 구획은 적게ㆍㆍㆍㆍㆍㆍㆍㆍㆍㆍㆍㆍㆍㆍㆍㆍㆍㆍㆍㆍㆍㆍㆍㆍㆍㆍㆍㆍㆍㆍ88

   17. 공간은 깊이 있게 ··89

   18. 잘 지은 나의 집 내부에서도 볼 수 있는 외부 경관 ············100

   19. 2층 집을 생각한다면 ···101

   20. 2층 집의 효율성 ··112

자연에 순응하는 집의 형태

21. 건물의 미래 용도도 고려 사항이다 ···120
22. 증축 계획은 처음부터 세워두자 ··121
23. 울타리는 거부감 없게 ···126
24. 차고를 집 안과 연결시키자 ··127
25. 화장실 딸린 독립된 별채 ··130

에너지 절약을 위한 구조

26. 단열에는 외단열과 내단열이 있다 ······································136
27. 개구부가 문제다 ···138
28. 지붕 단열의 어려움 ···139
29. 창을 두 겹으로 하는 것이 안전하다 ··································143
30. 창에 대한 투자는 아끼지 말자 ···144
31. 좋은 창의 밀폐도 문제가 될 수 있다 ·································145
32. 난방용 보일러 선택은 연료가 우선이다 ····························146
33. 난방 온돌바닥 배관은 세심하게 구획을 나누자 ···············147

34. 욕실의 바닥 난방이 어렵다면 라디에이터를 설치하자 ······148
35. 분배기는 눈에 띄지 않게, 기계실은 멀리 ······················149
36. 진공청소기의 문제점 ··150
37. 실내 환기를 위해 열 교환 장치의 설치 ·······················151

창, 어떻게 활용할까?

38. 실내에 들어오는 밝은 빛이 좋기만 한 것은 아니다 ······154
39. 비가 들이치지 않는 창을 만들자 ································158
40. 천장을 설치하는 것은 어떨까? ···································159
41. 북쪽이나 서쪽에는 고정창이 좋다 ·······························161

습기 문제에는 철저히 대비해야 한다

42. 제습기를 적극 활용하자 ··164
43. 가능한 지하실 설치는 피하자 ····································165
44. 누수보다 결로가 문제다 ··166
45. 적당한 습도가 약이 되는 경우도 있다 ························167

건축 재료를 결정하는 것은 장소와 환경이다

    46. 습기를 배출할 때는 공기가 공급 되어야 ·························170

    47. 각각의 건축 자재에는 고유의 온도가 있다 ······················171

    48. 흙집이 지닌 장점과 한계 ··172

    49. 폐자재를 건축자재로 재활용하는 것은 삼가자 ···············176

    50. 검증되지 않은 것은 피하는 것이 좋다 ··························177

    51. 건축공사의 수준은 청소가 결정한다 ·······························178

Ⅲ. 나에게 딱 맞는 집 한 채

공적 공간이 사적 공간으로 바뀌는 장소, 현관

   52. 집의 입구 처리 방식은 집의 성격을 결정한다 ··················184

   53. 현관, 외부 오염을 막아주는 관문 ·······································185

   54. 현관의 방향 ···190

   55. 현관 근처에 두어야 할 시설 ··191

   56. 현관 기능의 확대 ···192

   57. 현관과 차고, 그리고 창고와의 관계······································193

   58. 경사지에 집을 지을 경우 층이 다른 2개의 현관을
       만들 수 있다 ···204

   59. 테라스 만들기에도 주의할 점이 있다································208

   60. 테라스는 북쪽이 유용하다 ··209

   61. 문의 구조를 생각한다 ··216

   62. 안채 거실과 구분되는 손님용 응접실의 필요성 ···············217

   63. 집 안에 갤러리와 온실로 개성을 더하자 ···························220

64. 온실 설치의 여유 갖기 ··224

익숙했던 거실을 다시 생각하자

65. 거실과 식당의 높이 차이 ···232
66. 우리에게 익숙한 거실은 문제투성이다 ························233
67. 집안에 거실이 꼭 필요할까? ···236
68. 계단을 어디에 둘까? ··237
69. 벽난로의 효율성 ··240

집 안의 중심은 주방과 식당이다

70. 우리만의 식문화에 맞는 주방이 필요하다 ··················244
71. 땅속의 지하 식품고는 어려움이 많다 ·························245
72. 주방은 즐거운 곳이 될 수 있다 ····································254
73. 외부의 부엌 ··255
74. 조리용 열기구에 대하여 ···258
75. 주방의 방향은 남쪽이나 실내를 향하도록 하자 ·········259

쾌적한 침실을 위한 제안

   76. 다른 공간에 둘러싸인 주인침실 ·······························268

   77. 침실은 산소가 부족해지기 쉬운 공간이다 ······················269

   78. 침실은 옷을 갈아입는 곳이 아니다 ·····························276

   79. 침실의 위치 ··277

화장실에도 새로운 생각을 더해 보자

   80. 있으면 요긴한 손님용 화장실과 실외 화장실 ················282

   81. 옥외 화장실은 요긴하게 쓰인다·······································283

   82. 남성용 소변기를 따로 설치하고 전망용 창을 내자············284

Ⅳ. 멋진 나날들

주인공은 자연이고 건물은 조연이다

83. 자연이 가장 훌륭한 스승이다 290
84. 녹색의 녹색카펫, 잔디의 허실 291
85. 좋은 나무는 후손에게 물려줄 자산이다 296
86. 내 마당에 있는 꽃은 이미 야생화가 아니다 297
87. 조경에 최고 수종은 역시 소나무다 300
88. 땅속에 있는 물기도 흐르도록 해야 한다 301
89. 현관문을 드러내지 말자 308
90. 지름길이 좋은 것만은 아니다 309
91. 텃밭도 정원처럼 314
92. 차고나 창고도 집이다 316
93. 어떤 것에 건 매이지 말자 317
94. 농업을 생업으로 하는 것이 아니라면, 농지규모를 최소화하자 322

95. 자연에 산다는 것은 축복이다·················323
96. 살수록 고마운 집을 위한 선택 ················324
97. 안목 키우기 ·······································328
98. 집의 완성 ··329
99. 내집은 고마운 곳인가? ·······················330
100. 기록물의 정리 ·································332
101. 최종단계에 이르러 ···························333

에필로그
나의 집이 곧 나다 ··336

부 록

건축가가 만든 풍경
이원아트빌리지 ···355

이 책에 실린 작품가운데 기본적인 아이디어로서 힌트가 된 일부 도면들로서
저작권 허락을 받지 못한 작품에 대해서는 저작권자가 확인되는 대로
계약을 맺고 그에따른 저작권료를 지불 하겠습니다.

흙으로부터 멀어지게 되면
인간이나 동물이나 몸이 아파온다.
자연의 치유력으로 부터
멀어졌기 때문이다.

I

자연에 …

서울 생활을 할 때는 건축과 출판 일을 같이 하다 보니, 점차 회사 규모가 커졌다. 그러던 어느 날, 55세 즈음하여 문득 자연의 품으로 가야 한다는, 도시를 떠나야 한다는 욕구가 일기 시작했다.

유럽 여행에서 보았던 녹색의 농촌 풍경과 헨리 데이비드 소로우의 〈월든〉이라든지, 스콧 니어링 등의 책을 통해 만난 자연관이 우리에게 알려지던 때와 궤를 같이 했다. 대치동에 두 번에 걸쳐 1500평 가까운 사옥을 짓고 소유했던 짐을 내려놓는 순간이자, 평생 살아온 '을'에서 해방되어 내 인생의 주인이자 자유인으로 다시 태어나는 사건이었다.

그동안 몸담았던 삶의 틀에서 벗어나 자연에서 나의 의지대로 새로 시작하는 것이다. 도시에서의 교통체증으로 부터도 벗어나고 별 볼일 없는 만남이나 약속에 끌려다닐 일은 더이상 없게 되고 이제부터 시간은 온전한 나의 것이 되기를 바랬다.

평생을 도시에서 살았던 사람으로 아무 연고도 없고 귀띔해 줄 이도 없이 자연을 찾아 매주 땅을 둘러보다가 겨우 구한 곳이 충북 진천이었다. 30여 년 전 진천에 터를 잡을 때는 약 열다섯 가구 정도가 살고 있는 마을 한편에 길이가 200m 되는 긴 땅이 도로에 면해 있는 것을 보고 땅의 가능성만 보았다. 그 당시는 예비지식이 전혀 없었고, 심지어 용도와 목적도 정하지 않은 채 그냥 무모하고 즉흥적인 결정이었다. 집을 지어 살기로 했을 때는 땅의 가운데쯤 도로에서 먼 경계 부근에 9평 되는 작은 집이 관리인 숙사로 있었는데, 그것을 허물지 않고 그대로 두고 덧대어 20평으로 늘려 지었다. 그동안의 관록으로 이 정도 시골집은 대수롭지 않다 여겼다.

그렇지만 살아갈수록 예상치고 못했던 것이 문제가 되어 보수 내지 보강 공사가 이어졌고 13년을 지나는 동안 40평에 이르렀다. 헌집을 처음부터 허물고 새로 짓는 것보다 계속 고쳐 사는 것이 얼마나 번거로운지는 경험자만 알 수 있다. 모래에 물 붓는 식으로 경솔에 대한 대가는 컸다. 그 후 13년이 지난 다음 이전의 경험을 토대로 새 집을 지을 때는 계획만 3년 이상 신중에 신중을 기했다. 그랬건만 다 짓고 나서 7년을 살아

오는 동안, 처음에 그렸던 여러 개의 안 가운데 이미 버린 다른 안이 더 좋아보여 후회하기도 했다.

이러한 시행착오는 살아가면서 겪는, 일을 벌이는 자의 운명이라 생각한다. 어쨌거나 토질은 알고 보니 물 빠짐이 나쁜 진흙이라서 애써 가꾼 잔디밭은 차츰 이끼로 잠식되었고, 그토록 많이 심은 야생화도 점차 도태되어 버렸다. 모래를 들어다 덮는 데도 한계가 있었다. 집 지을 기초를 파 내려가니 물이 샘솟아서 많은 어려움을 겪기도 했지만 다 지은 집의 벽에 균열이 가는 것은 어쩔 도리가 없이 지내고 있다.

이제 와서 이야긴데, 첫 단추를 잘못 끼우면, 집 짓는 일은 물론이고 다 짓고 나서도 비용이나 유지관리 면에서도 계속 고난의 연속이다. 그러나 결국 그로 말미암아 이 책이 만들어지는 동기가 되었다는 생각도 해 본다.

자연과 함께하는
삶을 위한 마음가짐

새 집이 들어서면 땅은 사람의 손길이 닿지 않았던 예전의 자연 상태와는 환경이 달라진다. 나로 인해서 바람 부는 방향도 바뀔 수 있고 흐르는 빗물의 물길도 바뀔 수 있다. 갑자기 쏟아지는 비에 우리 집 땅의 빗물이 한곳으로 몰려 인근 논밭에 피해를 주기도 하는가 하면 대문이나 도로를 물바다로 만들기 때문에 충분한 배수장치를 마련하여 이웃에 피해가 가지 않도록 해야 한다.

작고 사소한 사건이 농촌의 이웃들에게는 아주 민감한 일이 될 수 있다. 상수도 시설이 되어 있지 않은 곳에서는 지하수를 끌어올려 사용해야 한다. 그런데 비가 오지 않아 가뭄이 심해지면 애타는 농민들에게는 농작물이 말라 죽지 않도록 물을 주는 일이 고된 일과가 된다.
이런 시기에 타지에서 온 사람이 한가하게 화초에 물을 주고 즐기는 것이 이웃들에게 어떤 모습으로 비쳐질지 생각해야 할 문제이다. 가능하면 잔디나 꽃밭의 면적은 과도하게 계획하지 말고 어려움을 공유한다는 마음가짐이 필요하다.

1
자연의 리듬에 순응하자

자연에서의 생활은 그야말로 자연에 순응하는 삶이다. 계속 오래 살아온 사람들은 해가 지면 일찍 잠자리에 드는 것은 생활 리듬이 자연현상에 맞게 체질이 되었기 때문이다. 사방이 어두워지는 밤이 되면 불이 켜져 있는 집이 드물다.

도시에서 살던 사람들은 한밤중의 조용한 시간을 즐기는 데 익숙한 경우도 있다. 밤늦도록 불을 켜고 늦게 잠자리에 드는 게 다반사다. 하지만 농촌에서 창밖으로 불빛이 새어 나가면 사방의 곤충들이 불빛 따라 몰려왔다가 날이 밝으면 부근의 밭으로 흩어진다.

이것은 결국 본의 아니게 이웃의 농작물 피해를 초래한다. 주위 농가들의 민감한 반응에 부딪히지 않으려면 불빛이 새어 나가지 않게 하든가 방을 마을과 등지도록 배치해야 한다.

도시에서 찾아온 친지들과 밤늦도록 불 밝히는 경우를 예상하여 불빛을 마을과 반대 방향으로 하고 소리도 마을로 나가지 않도록 해야 한다. 먼 곳의 개 짖는 소리가 들린다면 우리 집 소리도 멀리까지 들린다는 것이다.

도시에서 내려온 점령군 같은 모양새로 비쳐지지 않도록 겸손하게 배려하는 설계가 필요하다.

2
과장된 형태는 인격을 드러낸다.

자연에 내려와 집 짓고 산 지 여러 해 되다 보니 찾아오는 사람들이 적지 않다. 관심사에 따른 여러 방면의 질문을 듣게 되는데 그 가운데 가장 많은 것이 재료와 형태에 관한 것이다.

사실 재료와 형태보다 더 중요한 것이 훨씬 많은데도 유독 그것들에만 관심을 갖는 것은 내면적인 삶의 깊이에 대한 인식 자체가 부족하기 때문이다. 집의 개성이란 남달라 보이는 집의 겉모양에서 오는 것이 아니라 그 안에 사는 사람들이 살아가는 삶의 방식, 바로 그 자체에서 오는 것임을 인정하고 접근해야 한다.

따라서 어떻게 살아야 하는가 하는, 다소 심각할 수 도 있는 철학적 질문과 대면해야 하며 그것을 구체적 건축으로 표현 해야만 한다. 그런 후에야 비로소 통나무집으로 할 것인가 또는 흙집이나 조립식 주택으로 할 것인가를 생각할 수 있다.

재료나 형태의 문제는 2차적인 사안이다. 소위 무지하면 용감해 질 수 있듯, 용감하게 지은 집이 나의 무지한 안목을 세월따라 두고두고 드러내는 일이 되지 말아야 할 일이다.

집을 넝쿨식물로 덮으면 외부 온도를 떨어뜨리고 산소공급량도 늘리게 된다. 이러한 집은 외부 마감은 당연히 비싼 재료를 쓸 필요도 없거니와 처음부터 계획했다면 녹이 안 스는 그물망을 씌우는 것으로 간단히 끝낼 수 있다.

식물도 여러 종류가 있는데 낙엽이지지 않는 사계절용도 있다. 자연 속에 살아 있는 자연 재료를 가지고 건축하는 일이 점점 늘어나고 있는 추세이기도 하다. 친환경 운동의 일환으로 디자인한 집이다.

3

땅 사용설명서

새 땅에 집을 세우는 일은 하나밖에 없는 토지의 일부를 사용하는 일이기 때문에 매우 신중해야 한다. 땅이 갖고 있는 잠재 가치를 잘 살려내지 못한다면 한낱 낭비에 그치게 되고, 공해를 만들어내는 일이기도 하다. 아무리 개인 소유의 땅이라 할지라도 땅에 대한 이해가 지금 충분하지 못하다면 차라리 내 나라 국토 관리의 차원이 아니더라도 잘 살아 보려는 후손들을 위해서 지금은 쉽게 허물어 낼 수 있도록 임시 구조로 짓고, 나중에 제대로 지을 수 있는 능력을 갖추게 되었을 때까지만 살 수 있도록 하는 것이 옳은 방법일 수도 있다.

되도록 사소한 형질 변경도 피하면서 원래 생긴 그대로 활용할 방도를 궁리해야 한다. 다들 알고 있듯이 평지를 만들기 위해 땅을 훼손하면 나중에 그에 따른 예측 못 할 후유증에도 시달리게 되지만 자연 파괴의 측면에서도 바람직하지 않다. 경사지는 평지에서 결코 얻지 못하는 큰 장점이 있음을 놓치지 말아야 한다.

우리나라에서 집을 짓는 방식은 경사지를 계단식으로 깎아 내고 흙을 파내어 평지를 조성한 후, 그 땅 위에 집을 줄 맞추어 지어 가며 분양하는 식이다. 마을 안 곳곳에 크고 작은 광장이나 마당 혹은 숲을 배치할 수도 있건만 멋진 땅을 저토록 멋없이 버려 놓고 있는 것을 보면 자괴감이 들기도 하고 범죄의 현장으로 보여지기도 한다.

집을 짓게 되면 기초공사를 하고 잉여 흙이 생기게 된다.
이때 이 흙을 외부로 반출하기에 앞서서 마당에 작은 언덕이나 동산을 만드는 데 사용한다든가, 아니면 지반을 돋우어 물 빠짐이 좋도록 사용하는 것을 검토해 볼 필요가 있다.
우리가 외국을 여행하면서 보게 되는, 탄성이 절로 나오는 풍경 속의 집들은 거의가 경사지라는 자연 속에 일궈놓은 결과물임을 떠올려 보자. 자연 파괴를 당연시하는 인간은 결국 자연으로부터 불이익을 받을 수도 있음을 염두에 두어야 한다.

집을 짓는다는 것은 땅을 소모한다는 의미다. 우리가 토지를 소유했다고 해서 짧은 안목으로 낭비하는 일은 피해야겠다. 값이 얼마 되지 않는 공산품에도 사용설명서가 있기 마련이다.
반품조차 되지 않는 값비싼 땅을 사용하면서 그 사용 방법을 대수롭지 않게 여긴다면, 일은 처음부터 그르치게 되어 있다. 땅의 사용 방법은 우리가 금세 알 수 없는 드러나지 않는 언어로 감춰져 있어서, 그것을 해석하기 위해 많은 공부를 해야하고, 아니면 그 방면의 경험자나 유능한 건축가의 도움을 받아야 하는 번거로움이 있긴 하지만, 대개의 우리는 이 문제에 대해 어이없게도 허술한 것이 현실이다.

4

내 땅을 얼마나 이해하고 있는가?

집을 지을 때 성패를 결정짓는 제1요소는 집을 어디에 어떻게 자리 잡을 것인가, 즉 배치에 관한 문제이다. 배치를 말하기 전에 땅이라는 것이 무엇인지를 생각해봐야 한다. 우선 부동산이라고 할 수도 있고 지적도상의 번지 정도로 여길 수도 있다.

이제는 이러한 상식적인 개념에서 벗어나야 한다. 마치 건축 강의의 원론을 설명하는 것 같지만 그럴더라도 반드시 알고 가야 할 일이기에 조금 더 언급해보자. 우선 기본적으로 대지의 의미를 몇 가지 범주로 나누어 이해해야 한다. 내가 소유한 땅은 보이는 것 이상의 많은 의미를 담고 있다.

첫 번째는 지리적인 요건을 살펴봐야 한다. 땅이 자연 가운데 어디에 있는가를 파악하고 해발고도와 경사도를 알아야 하며 또한 향과 전망, 일조시간과 계절에 따라 해가 뜨고 지는 위치 등을 파악해야 한다.

두 번째는 자연 요건의 확인이다. 비바람이 부는 방향, 강수량, 배수관계, 토질, 습기, 수목이나 바위의 위치, 주위의 자연 생산물, 대지의 접근성, 자생하는 동식물과 해충의 여부나 곤충들을 알아 두도록 하자.

마지막으로 인문적인 요건의 파악이다. 이웃의 여부와 인구수, 그곳의 역사, 이용 가능한 기본 사회 시설, 주위의 생업 분포, 특히 건축공사를 진행하기 위한 여건, 진입로 등을 조사해야 하고, 동식물 재배와 사육에 따른 소음 등 공해문제는 반드시 체크해야 한다.

땅이 갖고 있는 모든 것은 다 나의 자산이기 때문에 가능하면 전부 파악해 설계에 반영해야 한다. 엄밀하게 말하면 땅과 그 위에 있는 하늘과 구름, 공기까지도 대지에 포함된 귀중한 자연자산이다.
면밀하게 잘 만들어진 건축설계라 할지라도 땅을 어떻게 해석하느냐가 중요하다. 조금이라도 어긋나면 한 번 지은 집을 다시는 옮길 수 없기 때문이다. 그래서 집을 어디에 세울 것인가를 결정하기 전에 먼저 땅을 어떻게 활용할 것인가를 염두에 두면서 설계를 해 나가야만 한다. 배치의 문제는 건축설계와 떼어놓을 수 없는 하나의 작업으로 이해해야 한다. 건물의 배치가 잘 되었다는 것은 벌써 건축의 절반은 성공했다는 뜻이기도 하다. 따라서 배치를 결정하는데에 땅의 요구를 읽어내기 까지 많은 시간이 필요하게 되고 조급한 마음에 즉흥적으로 서두르면 안 된다.

5
스스로 경관을 만들자

드문 경우지만 마침 집을 짓는 곳이 경치 좋은 곳에 있거나 숲과 호수를 내 정원처럼 즐길 수 있는 곳이 있다. 이럴 땐 당연히 경관 조망을 우선으로 집이 들어서야 한다.
하지만 대부분의 경우엔 그렇지 못할 것이고 그럴 땐 스스로 좋은 경관을 만들면 된다. 인위적으로 정원을 조성하면서 새로운 경관을 만들거나 정원을 만드는 것 자체를 즐기는 것도 중요한 일이다. 그렇지 않으면 건축 자체로서 멋을 만드는 것을 강구해야 한다. 벽과 벽, 집과 집 사이의 틈새에 공간의 묘미를 살리고, 바닥의 재료 사이사이에 식물을 배치해 자연을 끌어안는 새로운 공간을 창조할 수 있다.
"절경에 터 잡지 말라." 이 말은 우리의 고전이라 할 만한 이중환의 〈택리지〉에 나오는 구절이다.
절경이 보기에는 좋지만 조용하고 편안하게 살기에는 부적절하다는 뜻이다. 물소리가 시끄럽고, 방문객이 많아 교통이 혼잡하며, 관광철에는 상인들이 몰려와 쓰레기까지 넘쳐난다면 구태여 아파트를 떠날 이유가 무엇인가? 게다가 나의 서투른 안목이나 내 멋대로의 짧은 견문으로 인해 좋은 경치를 훼손한다면 이는 지울 수 없는 과오를 범하는 일이 될 수도 있다.
 다시 말하면 내 집 자체가 환경에 어울리지 않는 공해물이 될 수도 있다는 것이다.

이런 일은 우리에게는 아주 익숙한 일로서 주위를 둘러보는 이들이 저 집 하나만 없었더라면 좋았을걸 하는 소리는 듣지 말아야 한다.

좋은 경치도 오래 머물다 보면 익숙해지기 마련이다. 그보다는 스스로 가꾸고 만들어가는 아름다움을 즐기고, 그 속에서 계절의 변화를 느끼는 것이 더 가치 있을 것이다. 구태여 땅값 비싼 절경을 찾기보다는 그저 웬만한 곳에 흉년도 잘 들지 않고 텃세도 없으면서 나무많고 인심 좋은 터를 찾는 것이 더 좋다.

6
주변 환경을 꼼꼼히 살피자

집 지을 장소를 선정할 때 정말로 피해야 할 것은 바로 인근에 있는 공해시설들이다. 이 점을 자칫 가볍게 생각하면 사는 동안 내내 어려움을 겪게 되고, 최악의 경우 떠나야만 할 상황이 발생할 수도 있다.

가장 먼저 고려해야 할 것은 바람이 불어오는 쪽(대개는 서북쪽)에 있는 동물 축사다. 돼지나 소의 악취도 문제지만, 대규모로 운영되는 닭이나 오리의 축사에서 나는 먼지가루도 고려해야 한다. 아울러 축사에서 날리는 미세먼지도 무시 못해 창문을 열고 지낼 수 없을지도 모른다.

비슷한 경우로 미곡처리장이 가동될 때 발생하는 먼지도 신경 써야 한다. 또한 농촌의 외진 곳에서는 쓰레기 수거가 원활하지 못하기 때문에 비닐 등 화학제품 폐기물을 태우는 경우가 많다.

특히 야간에 이뤄지는 이러한 불법행위로 인해 저기압일 땐 연기가 온 마을을 뒤덮기 일쑤다. 이러한 모든 공해문제가 원래부터 살고 있는 사람들에게는 삶의 일부이기도 하고 이웃으로서 공생적 묵인이 관례가 되기도 하지만, 외부에서 새로 들어온 사람들에게는 큰 부담이 될 수 있다.

또 알아두어야 할 것은 농약이나 제초제 뿌리는 것이 상식이 된 지역도 있으니 이것도 염두에 두어야 한다. 세상에 내 입맛에 맞는 완벽한 곳이 있을 수는 없겠지만, 그렇더라도 피할 수 있다면 피하는 것이 상책이다.

외지에서 온 사람이 온 동네를 계몽시키기는 쉽지 않은 일이다.

7
집의 용도를 결정하는게 먼저다

땅을 선택하거나 집을 짓기 전에 내가 정말 원하는 것이 무엇인지를 파악하고 그에 맞춘 땅을 선정하는 것이 중요하다.

왜냐하면 가끔씩 들르는 주말 주택과 계속 거주할 전원주택에는 전혀 다른 방식이 적용되기 때문이다. 주말주택이라면 규모도 한정적이고 수납공간도 별도로 둘 필요가 없는 데다 집을 비울 때의 유지관리가 우선이 되겠지만, 전원주택이라면 계속되는 삶을 영위하기 위한 장기적인 안목이 필요하다. 따라서 이 두 경우는 접근하는 방식에서 커다란 차이가 날 수밖에 없다. 또 소득원의 형태에 따라 설계 방향이 달라진다.

농사일에 전념하는가, 도시에 소득원을 두고 있는가, 그도 아니면 연금에 의존하는가에 따라 건축설계는 완전히 달라진다. 농사를 짓는다 해도 축산이냐 과수원이냐, 또는 논농사냐 밭농사냐에 따라 다를 것이다.

나아가 부부만의 노동력에 의존할지 또는 가족과 더불어 노동할지도 중요한 고려 대상이다. 건강 회복을 목적으로 짓는 것인지, 또는 동호인용으로 짓는 것인지도 검토해야 하고, 펜션이나 찻집, 더 나아가 작업실이나 전시관 운영, 공방이나 취미생활을 위한 것인지도 고려해야 한다.

그 모든 것이 땅의 선정에서부터 건축설계에 이르기까지 큰 영향을 미치게 되고 자연 속에서 사는 삶의 성패에 큰 영향을 준다.

막연하게 남 따라 갔다가 즉흥으로 머무르는 일은 없어야 한다.

오로지 남쪽을 향하기 위해 단순한 형태로 디자인한 집은 대개 목조나 조립식 공법이 잘 어울리며 창이 없는 뒷벽은 조적으로 처리해도 좋은 집이 된다.
이러한 스타일은 공사비나 공사기간 등 유리한 점도 많고 공법이 간단한 만큼 유지 관리도 편하다는 잇점이 있다.

우측의 도면을 보게 되면, 실내는 양끝으로 침실을 분산시켜 배치하고 가운데에 오픈된 주방⑤과 거실③을 두어 공적인 영역과 사적인 영역이 구분되어 있다.
거실과 식당은 한 공간으로 자유롭게 사용된다. 북쪽 벽은 모두 수납가구가 있어서 단열효과는 물론 장식효과도 겸하고 있고, 남측은 모두 전망 위주로 창이 나 있다.
길게 뻗은 테라스⑬는 지붕을 덮어 남측 옥외생활의 중요성을 보여주고 있고, 외부인에게는 응접을 겸한 다용도 공간이 된다.

① 입구　　⑧ 보조 주방
② 현관　　⑨ 다용도실
③ 거실　　⑩ 탈의실
④ 식당　　⑪ 침실
⑤ 주방　　⑫ 마루방
⑥ 화장실　⑬ 테라스
⑦ 침실

도면 1

〈일러두기〉
이 책에 실린 모든 도면들은 아래쪽이 남측을 향하고 있다. 따라서 윗쪽은 북측을 향하고 있게 된다.

지붕이 있는 넓은 테라스는 자연 속에 살아가는 생활에 쓰이는 용도가 많은 그야말로 다용도 공간이다. 수확한 곡물이나 빨래를 말리거나, 정리하기도 하고 응접실이 되어 인근의 사람 모이는 사교장이 되기도 한다. 비나 눈 오는 날이면 더 소중하게 쓰이기도 하지만 방충망 시설을 한다면 더욱 좋은 곳이 될 수 있다.

남향에 대하여

본격적으로 건물배치 작업에 들어간다면 우선은 남향으로 어떻게 위치를 잡을지 살펴본다. 땅의 생김새가 남향이 아닌 방향으로 되어 있어서 동쪽이나 서쪽을 바라볼 수 밖에 없다 하더라도 건물만은 일단 남쪽으로 방향을 잡도록 노력해야 한다.

서쪽이 유달리 전망이 좋다 하더라도 마찬가지다. 식물도 마찬가지지만 사람은 남쪽 방향에서 오는 빛을 받아야 건강하게 살 수 있다. 남쪽으로 큰 장애물이 있어 그늘 속에서 지낼 수밖에 없다면 그 땅은 포기하는 게 현명한 선택일 수 있다.

이처럼 상식적인 내용인데도, 적지 않은 경우 자연적인 땅 생김새에 맞춰, 남쪽 방향의 중요성을 알면서도 가볍게 지나치고 있는 것을 보게 된다. 대강대강 타성으로 살아가는 것이다. 설마하고 그냥 지나친 경우, 살면서 내내 불편함을 감수해야 한다.

상업적이라든가 특수한 목적으로 짓지않는 평범한 집은 보수적인 태도를 취하는 것이 좋다는 얘기다.

ID: # 9
땅의 개성 찾기

집을 배치할 때는 앞마당의 쓰임새에만 관심을 갖지 말고 옆 공간이나 뒤의 공간을 활용하는 것이 살아가는 데 더 중요할 수도 있다는 것도 생각해야 한다. 앞과 뒤는 물론이고 집 주변 전체가 쓸모 있는 곳이 되어야 지저분한 구석 없이 모두가 아름답고 유용한 곳이 될 수 있다.

그럴 때 비로소 삶은 훨씬 풍부해지고 그에 따른 만족감을 얻을 수 있으며 드디어 완성된 배치가 하나의 작품으로 자리잡게 될 것이다. 또한 그 자리에 있는 자연 요소들, 예를 들면 큰 바위나 수목, 물길, 자연 전망, 비탈진 경사지 같은 것들을 눈여겨보도록 하자. 이는 자연이 준 커다란 혜택이므로 건축설계를 통하여 삶에 적극 반영해야 한다.

이 모든 것은 돈으로 산다 해도 결코 적지 않은 비용이 들 테고, 경우에 따라서는 돈으로 살 수 없는 것도 있다. 이러한 자연 요소가 개성을 만드는 절호의 기회일 수도 있다.

주어진 황금같은 조건들을 찾아내고 그 가치를 알아내는 기회를 결코 놓치지 않도록 하자. 집을 다 짓고 나서 오랜시간이 지난 뒤에도 후회하는 일은 없어야 할 것이다.

침실이 3개나 되는 큰 규모의 집이다.
집 중앙부는 밝은 테라스⑪가 있고 좌우로 침실군과 공용군으로 나뉜다.
우선 현관에 들어서면 식당을 마주하게 되고 식당 좌우로 두 곳의 테라스가 눈에 들어온다.

남측의 테라스⑪은 통로⑫와 식당을 밝게 하고 테라스⑰은 거실을 밝게 한다.
테라스⑪은 침실과 침실⑬들의 사이 공간인 동시에 가족실⑬과 통로의 통풍과 채광 역할도 한다.
가족실⑬은 게스트룸으로 사용할 수 있고, 무엇보다 이 집은 앞뒤가 분명치 않을 정도로 사방을 전부 활용하고 있음에 주목하자.

① 입구
② 현관
③ 전실
④ 화장실
⑤ 창고
⑥ 거실
⑦ 식당
⑧ 주방
⑨ 보조 주방
⑩ 다용도실
⑪ 테라스
⑫ 복도
⑬ 가족실
⑭ 욕실
⑮ 침실
⑯ 주침실
⑰ 테라스

도면 2

10
자연에 맞춰 집세우기

자연에는 보이지 않는 엄청난 에너지가 존재하고 있다. 보통 일상에서는 문제가 되지 않지만 경우에 따라서는 커다란 위협이 되어 현실로서 마주치게 된다. 자연은 인간에게 관심이 없다. 다만 우리가 피해자가 되지 않도록 대처해야 하는 것이다.

사계절을 통하여 기후로서 비바람이나 더위와 추위 땅밑의 물기나 습기는 물론이고 비탈진 경사까지 자연에 살게되는 개인으로서 이들과의 만남을 외면 할 수 없기 때문에 그에대한 대책은 집을 세우기 전부터 염두에 두어 자연의 무관심으로 인해 낭패보는 일이 없도록 해야 하고 오히려 유리하게 작용하도록 지혜를 모아야 하는것이다.

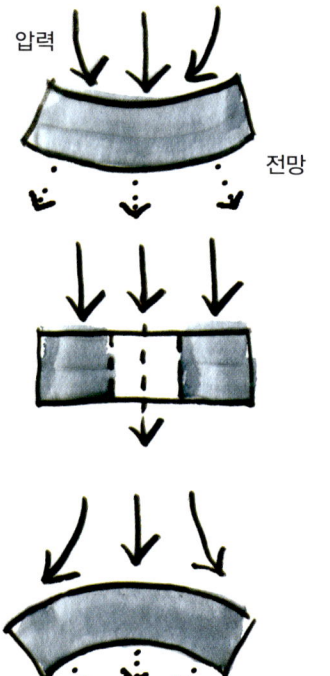

① 아래쪽의 전망 확보에 유리한 배치 이지만 반대편 등 뒤에서 오는 바람이나 토압 그리고 습기등을 많이 받게 된다. 특히 비탈진 땅에서 가로배치는 항상 주의 해야 한다.

② ①의 경우 보다는 뒤에서 압력을 덜 받지만 그다지 좋은 방법은 아니다. 가운데 부분 ⓑ처럼 개구부를 만들어 압력을 줄이는 것이 좋은 방법이다.

③ 지형이 어쩔 수 없이 가로로 건물을 배치할 경우 뒤를 저항이 적도록 하는것도 방법이 된다. 이때 전망은 손해 보는것을 감수 해야 한다.

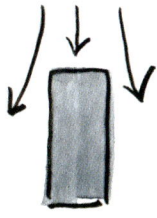

④ 마치 물살을 가르는 배처럼 건물의 좁은 쪽을 압력을 받는 방향으로 향하면 뒤쪽에서 오는 압력을 덜 받기 때문에 구조에는 유리하지만 전망이 좋지 않은 단점이 있게 된다.

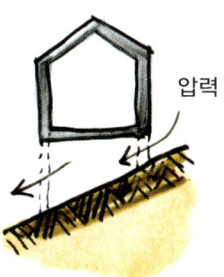

⑤ 본 건물을 땅에서 들어 올려 띄울 경우는 바람을 피할 수 있고 통풍이 잘 되어 습기 문제에서도 유리하다. 이때는 기초가 받는 비탈진 땅위에서 내려오는 토압을 견딜 수 있도록 해야 한다.

⑥ 건물이 비탈진 땅에 묻히게 되면 윗쪽으로부터 토압을 받게 된다. 또 바닥의 콘크리트는 항상 젖어 있게 되는데 이 젖은 상태에서 계단식 바닥은 방수에 취약하게 된다.

⑦ 비탈진 바닥이지만 땅에 묻힌 건물 바닥이 미끄럼 기초를 할 경우에는 방수는 ⑥의 경우보다 유리하지만 건물자체가 아래로 미끄러지지 않도록 해야 한다.

51

11

주말주택은 관리 문제가 우선이다.

별장처럼 자주 사용하지 않는 집을 짓는데 있어서 별도로 관리인을 둘 수 없는 경우에는 더욱 세심한 배려가 필요하다. 주어진 면적을 최대한 효율적으로 사용하는 것은 당연하지만, 사용하지 않을 때의 관리 문제도 미리 고려해 두어야 한다. 잘못하면 모처럼 별장에 들러 청소만 하고 돌아오거나 여기저기 돌보느라 시간을 다 보낼 수도 있다. 이 집은 벽, 지붕 마감을 모두 철판 한 가지를 사용한 것을 볼 수 있다. 별장이나 별채의 용도로 집을 지을 경우에는 일상의 살림 구조와는 전혀 다른 접근이 필요하다. 장시간 비우게 되므로 유지관리가 무엇보다 중요하며, 시설이나 구조가 간단해서 고장이 나지 않도록 해야 되고 외부로부터의 보호 장치도 완벽을 기해야 한다. 건물 외부의 모든 창이나 문은 튼튼한 덧문으로 덮고 지붕도 군더더기 없이 미끈하게 해서 눈이나 비 혹은 낙엽이 쌓이는 일이 없도록 한다. 완전하게 외부와 차단된 실내에는 벌레도 들어올 수 없어야 하는데,

그런 중에도 환기를 하고 공기 순환이 되어 실내 공기가 탁해지지 않도록 배려해야 한다. 오랜만에 찾은 집을 당장 사용할 수 있도록 청소와 보수만 하다가 돌아가지 않도록 한다. 비록 작은 집이고 잠시 머물더라도 불편함이 없는 곳이 된다면, 그 속에서 누리는 정신의 풍요는 결코 작다 할 수 없다.

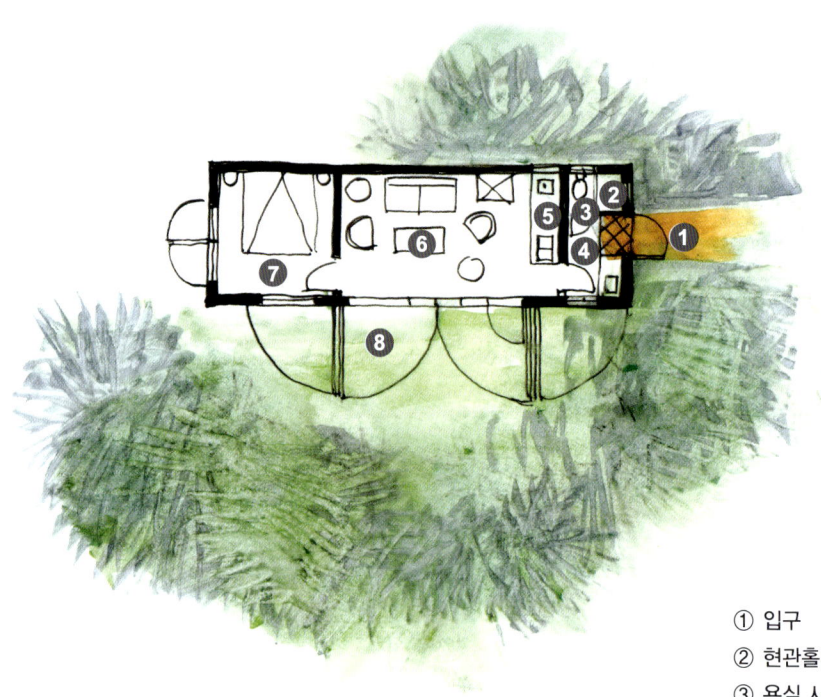

① 입구
② 현관홀
③ 욕실, 샤워실
④ 세면대
⑤ 주방기구
⑥ 거실+식당
⑦ 침실
⑧ 덧문

도면 3

단기간 사용하는 이를 위해 설계한 집이어서 오랫동안 집을 비울 경우에 대비하여 모든 개구부에 튼튼한 덧문을 설치했다. 현관홀에는 욕실 ③과 분리하여 세면기 ④를 비치, 현관홀은 화장실에 포함된 셈이 된다.

실내 공간과 외부 공간 사이에 화장실을 두면 위생 측면에서는 큰 장점이 생긴다. 거실의 소파는 펼쳐서 침대가 되도록 사용하면 3, 4인 주거도 가능해지고 덧문을 좌우로 여는 구조보다는 들어 올리는 구조로 하면 창밖 테라스의 지붕이 되기도 하고, 큰 처마 역할을 해 실내에 그늘을 제공할 수 있다.

II

좋은집에 …

오랫동안 타인의 집을 설계하면서 남의 삶에 훈수해 왔던 직업 건축가 입장에서, 내 집을 짓고 사는 일은 스스로의 실존과 마주하는 일이라 할 수 있다. '나에게 맞는 딱 한 채는 어떤 것이어야 할까' 하는 질문을 마주했을 때 오히려 수많은 집에 대한 지식이 걸림돌이 되고 갈등이 된다는 이야기다.

지금도 세상 어딘가에는 자신만의 집을 짓기 위해 모험을 하는 이가 있을 테고, 나 역시 그런 사람이었다. '어떤 것이 좋은 집일까?' 하는 막연한 질문에 이제부터 실체로 접근하면서 내가 원하는 생활 방식이 무엇인가 하는 현실적 명제와 마주해야 한다. 나아가 나를 포함한 내 가족, 그리고 직업과 취미, 그리고 경제 상황과 가족의 취향을 담아내는 집을 그려 본 후 땅과 연계해서 그에 맞는 집을 세워가야 한다.

이런 작업은 좋은 건축가를 만나서 도움을 받을 수도 있지만, 그것이 가능치 않다면 스스로 해결할 수밖에 없는 노릇이고, 이 책에 예시로 들어 있는 도면이나 글을 통해 자신만의 화두를 떠올려 보고 사례들과 비교하면서 차근차근 접근하는 것도 하나의 방법이 될 수 있을 것이다.

비용이나 기술 문제부터 시작해서 부동산으로서의 가치와 주위의 눈들, 나를 포함한 가족들의 미래의 행복을 담아내야 하니 단순하게 취향대로 지을 수만은 없다. 게다가 이런 선택들이 나의 진면목으로 오해될 수도 있는, 세상에 벌거숭이로 있는 듯한 상황이 부담이었다. 결국 내 본 모습은 무엇인가를 고심하는 고독의 시간에 갇히게 된다.

이렇게 위험한 작업에 발 들이지 말고, 남이 지은 아파트에 들어가서 숨어버리는 편이 훨씬 낫다고 판단할 수도 있다. 많은 건축가들이 자신의 집을 설계하지 않고 남이 지은 집에 살고 있는 현실은 그와 무관하지 않는듯 하다. 그렇더라도 인생은 승부해 볼 충분한 가치가 있다고 생각하는 사람들도 있기 마련이다.

조화를 이루는 것이 중요하다.

요즈음 도시를 떠나 조금만 도로를 달리면 새로 지은 멋진 집들이 늘어서 있는 것을 보게 된다. 설계자들이 개성을 살려 좋은 경관을 만들어 내는 것을 보면 그 집에 대한 호기심이 생긴다. 그러나 이 세상에 혼자 사는 듯 주위와는 상관없이 어울림을 포기하고 들어서 있는 집을 보면 마음이 불편해지기도 한다. 이미 주변에 집이 들어서 있는 곳에 집을 짓고자 한다면 더불어 사는 미덕으로 기존의 디자인들과 조화를 이루는 것이 우선이다.

화려하게 자신을 드러내려는 욕심을 죽이고 양보할 때 비로소 모두가 살아날 수 있다. 기존 집과 같은 재료를 사용한다든지, 규모가 비슷해 보이도록 조절한다든지 하는 것도 한 방법이다. 특히 지붕의 형태를 비슷하게 하는 것이 좋다. 주위를 무시하며 군림하는 배타적인 디자인은 결국 서로에게 아무런 도움이 되지 않고 자신의 품격만 낮추는 꼴이다. 외국을 여행하다 보면 온 동네의 집들이 마치 한 사람이 설계한 듯한 풍경을 마주치곤 한다. 겉모양으로 경쟁하지 않으면서 모두가 닮아 있어 편안함이 느껴진다. 그 속에서 질서와 조화의 아름다움을 본다.

이것이야말로 건축을 비롯해 우리 사회가 해결해야 할 가장 중요한 문제다. 개성이란 내면으로부터 우러나는 것이지, 겉으로만 눈에 띄게 짓는다고 해서 결코 개성 있는 건축이 되는 것은 아니다.

12
집의 뒤쪽에도 배려한다

전망 좋은 곳에 터를 잡고 집을 짓는다면 더 멀리, 더 넓게 보기 위해 집을 높게 짓고 싶은 욕구가 이는 것은 당연하다. 집을 높게 올리면 땅에서 올라오는 습기로부터 자유로울 수 있고 방범 측면에서도 유리하며 더 많은 채광을 확보할 수도 있다. 그렇다 하더라도 뒷집에 사는 사람에게 지장을 주어서는 안 된다. 우리 집 그림자 때문에 중대한 문제가 발생할 수 있다.

당장은 뒤쪽에 집이 없더라도 훗날 들어설 수도 있는 집에 대해 미리 배려하는 지혜가 필요하다. 미래에 만날 미지의 이웃과 미리 친교를 시작하는 셈이다. 또 북쪽은 내가 보지 않는 곳이라고 생각해 잡다한 시설만 배치하면 결국 뒷집은 우리 집의 지저분한 곳만 바라보는 꼴이다.

우리 집이 뒷집에서 멋있게 보이고, 뒤에 산다는 것이 좋은 선택이 되도록 해야 한다. 조금만 생각하면 할 수 있는 일인데, 보이는 곳만 열심히 치장하는 이중적인 오늘날 우리 사회의 일면을 보는 것 같아 몹시 민망하다. 집의 앞 얼굴은 웃고 있고 뒤는 항상 찌푸린 채 서있는 형국이 되지 않도록 해야 할 일이다.

13

지붕이 있는 테라스의 활용

자연 속의 집은 도시 주택이나 아파트와는 달리 외부 생활을 전제로 개방된 형태를 취하게 된다. 그렇지만 비가 잦은 장마철이나 눈이 오는 겨울 등 기후 변화에 따라 옥외 생활에 많은 제약을 받는다.
그럴 땐 오갈 데 없이 좁은 집에 갇혀 행동반경도 위축되고 빨래 말리는 일조차 어려울 수 있다. 비바람이 들이치는 날에는 창문마저 열 수 없다. 이런 경우를 대비하여 활동 가능한 공간을 마련해 두는 것은 매우 중요한 일이다. 어쩔 수 없이 손 쉬운 비닐하우스를 이용하기도 하지만, 태풍이 심한 날에는 비닐이 흔들려서 믿을 만한 곳이 되지 못하고 겨울철에는 눈이 쌓이기라도 하면 위험한 곳이 된다. 그래서 널찍한 다용도 공간을 확보하는 것이 좋다. 가장 손쉬운 방법은 집 전체를 넓은 처마로 두르는 것이다. 비가 들이치지 않도록 폭이 2미터 이상 되도록 하면, 집 주위를 산보하듯 걸을 수도 있고 농작물을 말리거나 그밖에 용도로도 요긴하게 쓸 수 있다.
경우에 따라서는 테라스가 되어 차를 마실 수도 있고 응접실이 될 수도 있으며 편안한 휴식 공간이 될 수도 있다. 또 충분하게 앞으로 나온 지붕으로 생긴 그림자는 여름철의 강한 햇빛으로부터 집을 보호해 준다. 긴 처마가 겨울에는 불리할 것 같지만 겨울철엔 태양의 고도가 낮기 때문에 빛이 집 안 깊숙이 들어와 그로 인한 생활의 불편은 크게 염려하지 않아도 된다. (45페이지 참조)

넓은 폭으로 길게 나온 처마는 회랑이 되어 남쪽 전면을 차지한다. 회랑의 오른쪽은 빈 공간을 두어 지붕이 있는 옥외 공간으로 활용할 수 있다. 앞뒤로 열린 구조라 통풍이 잘되고, 북쪽은 물을 쓰는 마당, 지하 식품 창고와 연결되어 다용도 공간으로 쓰임새가 많다.

건물 좌측 끝에도 열린 공간이 있는데, 응접실 역할을 위해 만든 곳이다. 손님이 번거롭게 집 안까지 들어오지 않도록 하고 창을 열면 주방에서 다과 등을 쉽게 건네받을 수 있다. 남쪽 회랑은 비를 피하는 곳이어서 사계절 유용하게 쓰는 외부 공간이다.

상촌재라는 이름으로 언론에 여러 차례 소개된 이 집은 필자가 농촌으로 이주해 15년간 기거하면서 여러 번 개조하며 적응해 온 흔적이 담긴 집이다.

집 안에 들어서기 전 입구①에서는 자연 속의 꽃가루나 먼지, 간혹은 농약 등을 털어내고 손을 씻는 ⑲절차를 거친 후 사랑채 용도인 마루방③을 지나 현관④에 다다른다. 마루방은 외부용 응접실로 주방⑤에서 음료 등을 창으로 직접 받을 수 있다. 그 앞은 지붕 있는 긴 회랑⑪이 있고 그 끝은 넓은 테라스⑩가 연결된다.

여기까지는 모두 신을 신은 채 이용할 수 있는 공간이고, 현관④을 거쳐야 신을 벗고 생활하는 내부 공간에 들어가게 된다.(도면의 흰색 부분만 내부공간임.) 마루방③과 회랑⑪ 그리고 테라스⑩를 거쳐 뒤뜰⑯에 이르는 구간은 다용도 시설로 농촌에서는 전천후로 쓰임새가 넓고 물 부엌⑰과 지하 식품 창고⑱도 갖추고 있어서 옥외 생활의 제반 조건을 구비하고 있다. 또 지붕 테라스⑩는 뒤뜰과 함께 큰 행사도 치를 수 있다.

별채에는 외부 화장실⑫이 있는데 보일러실 열기 덕분에 동파 피해를 입지 않는 구조다. 외부 통로⑮는 여름에는 시원한 바람이 지나는 골목이 되어 뒤뜰⑯의 활용도를 높인다.

① 입구
② 전실
③ 마루방
④ 현관
⑤ 주방, 거실
⑥ 침실
⑦ 세탁
⑧ 샤워실
⑨ 화장실
⑩ 지붕 테라스
⑪ 회랑
⑫ 외부 화장실
⑬ 보일러
⑭ 차고
⑮ 외부 통로
⑯ 뒤뜰
⑰ 물 부엌
⑱ 지하 식품창고
⑲ 외부 세면대

도면 4

집의 일부를 지붕을 덮고 아래로 남과 북이 트이게 됨으로써 통풍이 잘되고 시원한 곳이 된다.
이러한 외부 공간은 자연을 살아가면서 다목적으로 유용하게 쓰이는 곳이 된다.

앞의 넓은 마당은 실내의 작은 부엌을 도와주는 넓은 작업장이자 잔치도 벌릴 수 있는
북쪽 테라스인 셈이다.

외관을 결정하는 지붕의 형태

집의 외관을 결정짓는 가장 큰 요소가 지붕의 형태다. 조금 과장해서 이야기하면, 지붕에 한식 기와를 얹으면 형태만으로 본다면 한옥이 되고 서양식 기와를 얹으면 서양 집이 될 수도 있다. 지붕을 조금 변형시키면 겉모양은 비슷한 일본 집이 되기도 한다.

주택의 멋진 외관을 갖기 위해서는 지붕 디자인의 영향이 가장 크다는 것을 이야기 하려는 것이다. 지붕의 경사가 클수록 개성이 있어 보인다. 이 경우 지붕을 여러 개의 작은 형태로 나누면 훨씬 정감 있어 보인다. 우리가 어딘가에서 보았다고 기억하는 예쁜 마을이나 집 등은 여러가지 이유가 있겠지만 그 가운데 아마도 지붕의 아름다움이 우리도 모르는 사이에 전체적 인상을 결정지었을 것이다.

14
평면지붕과 경사지붕

지붕의 모양을 평평하게 평면지붕으로 하면 겉모양이 상자 형태가 되기 때문에 디자인을 잘하게 되면 매우 모던해 보인다.

옥상에 올라가 보면 전망도 좋지만 바람에 날려 오는 낙엽 때문에 배수구가 막힐 수도 있고 방수층에 문제가 생길 수도 있다. 관리를 게을리 하면 오히려 불편한 곳이 되어 버린다. 사실 농산물을 말린다든지 전망을 즐기는 용도가 아니라면 자주 올라갈 일도 없다. 한편 지붕에 경사를 주면 관리가 수월하다. 처마를 길게 뽑아 벽이 젖지 않도록 할 수도 있고 그늘을 만들 수도 있다. 물론 평범한 집이 되는 단점은 피할 수 없다. 그런 점을 보완하기 위해 지붕처마를 짧고 단순하게 할 수도 있는데 훨씬 모던해 보이기는 하지만, 기능적으로 긴 처마만 못하고 지붕테라스도 포기해야 한다. 어느 쪽이나 장단점이 있으니 자신의 취향을 잘 고려해 선택해야 할 일인데, 경험상 경사가 있는 넓은 처마를 갖는 것을 권하고 싶다.

15
지붕에서 바닥으로 물홈통을 설치하자

집이 어느 정도 자리를 잡은 후 챙겨야 할 것이 물홈통 설치다. 그렇지 않으면 지붕에서 물이 땅바닥으로 바로 떨어져 흙물이 벽으로 튀어 지저분해진다. 뿐만 아니라 지붕이나 테라스 바닥에 쌓여 있던 먼지가 빗물에 씻겨 벽을 타고 흐르면서 얼룩을 만든다. 창가에 쌓인 먼지가 빗물에 씻기면서 창틀 주위에 얼룩이 지는 것과 같다. 그래서 물홈통이 필요한데, 이때 홈통에 나뭇잎이 들어가 막히지 않도록 그물망을 씌어야 한다. 사소해 보이는 것이 자연에서는 큰일을 낼 수도 있기 때문에 주의를 기울이도록 하자. 자주 지붕에 오르는 번거로움은 위험스러운 부담이 된다.

대수롭지 않아보여 소홀하게 다뤄질 수 있는 물 홈통은 처음에 한번만 잘 투자하면 정말 고마운 시설이 될 수 있음을 기억 해야 한다.

지붕이 있는 넓은 테라스가 본 건물 전체를 감고 있는 형태다. 서쪽 테라스는 지붕과 연결된 벽이 테라스를 보호하고 있어서 서쪽 빛과 바람을 막아준다.
남과 북으로는 터져 있고 지붕을 갖는 이런 테라스 공간은 한정된 실내 공간을 외부로 폭넓게 연장하는 역할을 하여 삶에 여유를 더한다. 이런 곳에서 자연을 관조하는 여유만으로도 전원생활의 만족도가 높아질 것이다.
남쪽에 하늘을 쳐든 지붕은 디자인의 측면을 강조하고 있는 특이한 형태를 취하고 있는데, 집을 밝게 하려는 목적에는 좋겠지만 여름철 비 바람에는 불리하다고 할 수 있다.

도면 5

반듯한 네모 건물에 테라스⑫의 구조물이 도드라지게 집 전체를 덧씌우고 있는 형태를 취하고 있다. 테라스⑫의 서쪽 벽은 석양빛과 바람을 차단하고 있어서 실내의 식당④을 서측으로부터 보호하기도 하고, 외부 공간 형성에 중요한 시설이 된다.

현관②에 들어서면 거실은 식당보다 어두운 곳에 위치하고 식탁이 밝은 곳에 있게 되어 시각적으로 큰 포인트가 된다. 거실은 낮 동안은 사용 빈도가 적은 경우가 많아 전망도 크게 고려하지 않아도 되지만, 식당의 경우는 그 반대가 될 수 있으므로 위치 선정이 더 중요하다.

식당과 함께 사용 빈도가 높은 주방도 가장 좋은 곳에 자리 잡고 있고 보조 주방⑥과 다용도실⑦을 거쳐 외부와 쉽게 출입이 가능한 구조로 되어 있다.

뒤에서 자세하게 설명 하겠지만 이 집도 화장실⑨앞에 전실⑧이 있어 밖에서 입던 옷을 실내복으로 갈아입기 편하고 침실에서 옷을 갈아입지 않도록 설계에 반영했다.

① 입구　　　⑦ 다용도실
② 현관　　　⑧ 탈의실
③ 거실　　　⑨ 욕실
④ 식당　　　⑩ 침실
⑤ 주방　　　⑪ 주침실
⑥ 보조 주방　⑫ 서측 테라스

공기와 시선의 흐름을 만드는
집 안 공간 배치

내부 공간을 생각해 보자. 집 안이 막혀서 막다른 곳, 즉 구석이 생기지 않도록 모든 곳을 연결할 필요가 있다. 순환 구조란 한쪽으로 들어갔다가 다른 쪽으로 나올 수 있어서 동선이 끊기지 않고 연결되는 구조를 말한다. 이 구조에서는 선풍기 하나로 쉽게 공기를 순환시켜 신선한 공기를 공급하고 악취도 제거할 수 있다. 이와 더불어 집 안의 습기와 온도도 고르게 분포된다. 집안의 공기 순환을 통하여 닫힌 방과 폐쇄된 공간의 공기 질을 높여야 한다. 물도 고여 있으면 썩기 마련이다. 식수를 싣고 멀리 가는 배는 출렁거림으로 인해 물이 썩지 않는다고 한다. 흐르는 물이 썩지 않듯이 공기도 움직임이 있어야 신선하다.

작은 면적에 짜임새가 돋보이는 집이다. 사각형의 틀 안에 욕실④과 주방⑤을 하나의 유닛으로 비스듬하게 배치해 그 주위 공간이 좁았다가 다시 넓어지는 변화가 반복되고 있어서 작은 집을 크게 사용할 수 있는 재치를 보여준다.

실내에는 막힘이 없도록 문까지 생략해 공간이 개방되어 있는데도 각 공간마다 프라이버시가 확보되는 부분도 장점이다. 긴 테이블을 두어 식탁과 작업대 그리고 거실 가구의 기능을 겸해 사용, 다목적 공간으로 활용하고 있다.

어느 곳에서건 선풍기 하나만 켠다면 온 집안의 공기 흐름은 좋아지게 되는 집이다.

① 입구
② 현관
③ 현관홀
④ 욕실
⑤ 주방
⑥ 식당+거실
⑦ 침실
⑧ 계단과 수납장

도면 6

작은 면적의 집 두 개를 떨어뜨려 지은 것으로, 두 집 모두 거실과 식당을 겸하여 사용하고 있다. 최소한의 면적으로 최대의 효과를 얻기 위해 아래 있는 작은 집은 현관이 욕실을 겸하고 있고, 침대는 식사 시에는 의자 역할을 한다. 침대 뚜껑을 열면 그 아래는 수납공간이 있다. 두 집 사이 마당에는 식탁을 두어 옥외 공간을 활용, 좁은 실내 생활에 큰 도움을 준다.

작은 집을 계획할 때 작다는 이유만으로 과소평가하지 말고 큰 집을 지을 때 이상으로 지혜를 발휘하는 기회로 삼아야 한다. 집을 한 채로 지을 때보다 이처럼 나누어 짓는 것이 마당도 생기고 또 집들이 서로 어울리면서 부피감이 생긴다.
두 채의 집을 각각 독립되게 지어 사용하여도 큰 무리가 없는 설계라 할 수 있다.

① 입구
② 식당 및 거실
③ 주방 시설
④ 작업대
⑤ 침대
⑥ 화장실
⑦ 샤워실
⑧ 옥외 식탁
⑨ 마당

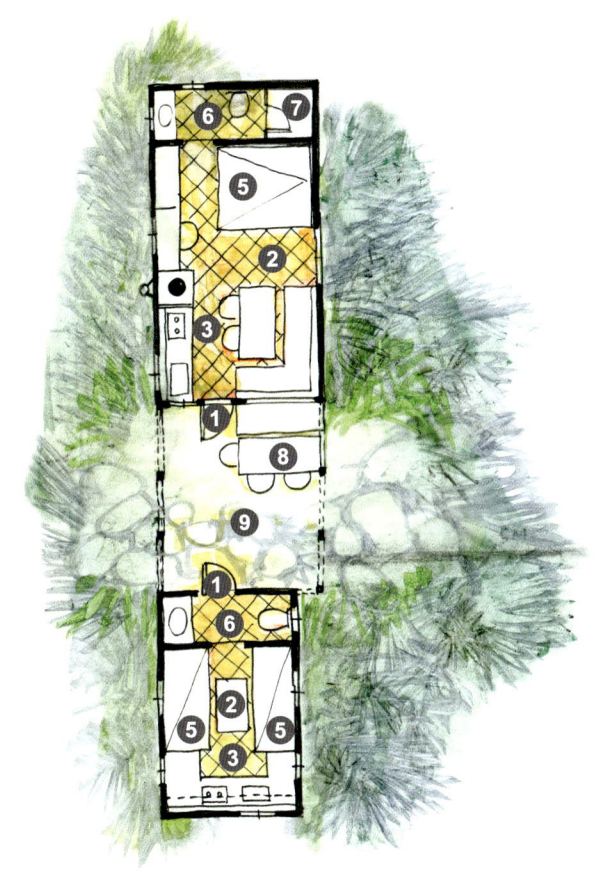

도면 7

아주 작은 면적에 콤팩트하게 설계된 집은 외부공간을 효율적으로 사용하는데 초점을 맞춰야 한다. 궂은 날씨만 아니라면 마당을 생활공간으로 사용하면 자연 속에서 일상을 살아가는 멋을 제대로 만끽할 수 있다.

짜임새 있게 지은 작은 실내에는 식당이 거실 기능을 겸하고 있다. 좋은 집을 설계하는 일은 아주 작은 치수에 민감하고 정확해야 하는데, 이처럼 작은 집에는 그 결과가 여실히 드러난다. 실내에서 작은 마당을 사이에 두고 건너에 또 하나의 건물이 있다. 건물과 건물 사이는 안뜰 역할을 하는데 자연 속에서의 삶은 이렇듯 반쯤 폐쇄된 자연 공간 확보가 중요하다. 더운 날에는 그늘막을 설치하여 지붕을 삼을 수도 있을 만큼 크지 않은 것이 좋다.

16
내부 칸막이 구획은 적게

작은 집의 내부공간은 구조가 간단해서 단순하고 심플한 것은 당연한 일이지만, 다소 면적이 큰 경우에도 내부 칸막이 구획은 최소로 하는 것이 좋다.

사생활 보호가 필요한 곳을 제외한 모든 공간을 개방해 하나의 공간, 즉 원룸 스타일로 만드는 것을 고려해 보길 권한다. 이처럼 하나의 공간으로 개방하면 환기나 통풍에 유리하고 청소 같은 유지관리에 편하기도 하고, 무엇보다도 가족이 항상 얼굴을 맞대고 서로를 느끼며 지낼 수 있다. 특히 부부 단둘만의 공간이라면 욕실이나 침실까지도 개방 할 수 있다. 이때 불필요한 시선은 마주치지 않도록 가구 배치를 요령 있게 하는 것도 시도해 볼 만하다.(도면 6 참조)

17
공간은 깊이 있게

실내 공간에서 또 하나 생각할 것은 시선의 거리다. 면적 크기에 제한이 있더라도 가능하면 시선의 거리를 최대한 길게 만들면 공간에 깊이감이 생겨 멋을 더할 수 있다. 가구 배치를 간단히 바꾸는 것만으로도 좋아지는 경우가 있다. 설계할 때부터 공간을 엇갈리게 배치해 방의 끝이 한꺼번에 파악되지 않게 하는 것도 좋은 방법이다. 이런 공간을 의도적으로 만들어 단조롭지 않은 멋진 곳이 되어 동선도 가능한 한 늘려서 걷는 운동량이 많도록 하는것이 중요하다.

특히 밖의 날씨 환경이 나쁠때가 많다는 것을 염두에 두고 집에 갇혀 앉아 있어야 하는 생활이 되지 않도록 강구해야 한다.

(도면4, 도면8)

식당이 집의 중심 시설로 자리 잡고 있다. 북측의 테라스도 이 집의 큰 특징인데 주방⑥에서 쉽게 서빙된다. 차고⑩는 다용도실⑧을 거쳐 주방⑥과 테라스⑭에 연결되고 있지만, 한편 현관②으로도 비안 맞고 연결되게 되어 있다. 또 하나의 큰 특징은 입구①에서 거실⑬이나 주방⑥에 이르기까지 공간이 꺾여있어 집이 넓고 커 보이고 다이내믹해진다.

역시 주방⑥에서는 거실⑬ 끝부분은 멀기도 하지만 벽으로 시선이 막혀있어 공간의 깊이감을 만들고 있다. 남쪽에 현관쪽으로 사선으로 깊숙이 파고들어 온 듯한 형태의 정원⑮은 집 중앙까지 내부로 끌어들여 마치 온실을 둔 듯도 하다.

입구 현관홀③의 변소의 탈의실⑯은 밖에서 오염된 옷을 벗는 곳이어서 집 전체 위생관리에 큰 도움이 되는 곳이다.

① 입구	⑨ 창고
② 현관	⑩ 차고
③ 현관홀	⑪ 침실
④ 욕실	⑫ 욕실
⑤ 식당	⑬ 거실
⑥ 주방	⑭ 테라스
⑦ 보조 주방	⑮ 정원
⑧ 다용도실	⑯ 탈의실

① 차고
② 지붕 있는 마당
③ 현관
④ 다용도홀
⑤ 주방과 식당
⑥ 공동 화장실
⑦ 탈의실
⑧ 다용도실
⑨ 침실

거실을 제외한 나머지 모든 방을 따로따로 지은 집이다.
그 사이의 공간은 지붕을 덮어 어느 곳이든 거실이 되고 통로도 되며, 기타 다용도 공간으로 자유롭게 쓸 수 있어 융통성을 극대화하고 있다.
불규칙한 방의 배치로 변화가 만들어져 보통의 주택에서는 얻기 힘든 공간의 묘미를 느낄 수 있다.
필요에 따라 방을 더 늘리는 것도 자유롭고, 같은 지붕 아래에서 일부분만 2층으로 올릴 수도 있고, 여러 가족이 함께 모여 살 수도 있는 융통성이 많은 집이다.
거실 이외의 공간으로 식당⑤과 욕실⑥도 각기 하나의 건물인 듯 독립 구조로 되어 있지만, 필요에 따라 각 침실에 별도로 욕실을 따로 따로 나누어 만드는것은 방법이 된다.
(131페이지의 도면 16 참조)

도면 9

불규칙하게 배치된 방들의 틈새로 만들어진 예측 못한 비정형의 공간이 만들어내는 매력이 돋보이는 집이다.
정해진 고정관념이 없어 공간의 용도는 항상 유동적이고 그 쓰임새가 정해진 바 없다는 것은 삶의 불확실성과 자유스러움에 적응하는 공간으로 여유를 만들어낸다. 진행 방향에 따라 예상치 못할 의외의 공간이 전개된다면 늘 새롭고 변화 있는 자연을 즐기는 것만큼이나 즐거운 곳이 될 수 있다.

흩뿌리듯 자유롭게 배치한, 방과 방 사이를 메우는 지붕에 큰 경사를 주면 공간에 부피감이 커지면서 극적 효과를 만들어 낸다. 또 한 부분에만 2층을 만든다면 도시에서 보는 규모감이 드러나기도 한다. 이처럼 자연에서 집을 짓는 일은 고정관념에 얽매이지 않고 그 가능성의 최대치를 구상하며 건축과 인생의 도전으로 시도해 볼 만한 가치가 있다.

비록 작은 집 일지라도 공간과 공간 연결의 멋을 놓치지 말아야 한다. 그냥 휑하니 터진 곳이라 할지라도 끝이 다 드러나지 않도록 하고, 통과하면서도 어둠과 밝음을 번갈아 지나게 하는 둥 그림이 걸린 곳은 잠깐 멈출 수도 있고, 꽃이 있어서 눈길 가는 곳도 마련해야 한다.
먼 곳이 밝아서 희망이 있는 곳, 협소한 곳을 지나면 넓은 곳이 마련되어 있는 그러한 변화를 즐겨야 한다. 반드시 극적으로 엄청난 공간이 아니더라도 잔잔하게 일상의 멋이 담기도록 해야 한다.

18

잘 지은 나의 집
내부에서도 볼 수 있는 외부 경관

지구상의 모든 건물들을 크게 두 가지로 겉과 속이 하나의 재료로 된 것과 안과 밖이 따로따로 되어 있음을 알 수 있다.

첫째의 경우는 흙집이라든가 돌집 그리고 우리 전통 한옥같이 목조로서 외부의 서까래가 실내에 그대로 들어와 있다던가, 서양의 중세 고딕성당같은 건물에서와 같이 안팎 모두 하나의 재료로 만들어진 것들이 있다. 그 반대로 현재 우리네 아파트 처럼 밖의 재료와는 상관 없이 실내 마감재가 벽지라든가 기타 재료로 되어 있는 경우에는 재료의 연속성이 단절 됨으로서 심리적으로 소박하고 건강한 안전성감이 줄어들고 인테리어 측면이 강조되어 건축적인 힘을 잃게 되는 것은 어쩔 수 없게 된다. 요즘같이 단열위주로 집을 짓다 보면 안과 밖이 별도로 만들어지는 것은 어쩔 수 없는 현상이기도 하다.

세계적 문화 유산인 베르사이유 궁전등도 그 실내가 아무리 화려해도 안팎의 마감 재료가 다르기에 건축 작품으로서 반응이 시원찮은 반면에 스페인의 알함브라궁 등에서 큰 감명을 받게 되는 것은 비단 건축가들에게만 그렇게 받아 들이는 것은 아닐 것이다. 이러한 것을 감안하여 내가 지은 집의 외벽과 내벽이 같은 재료가 된다면 다행이지만 그렇지 못할 경우 비록 소극적이지만 외벽을 실내에 앉아서도 볼 수 있도록 하여 일체감을 주도록 하는것도 바람직한 방법이 된다.(도면 10 참조)

참고로 이 지구상에 지어진 수많은 집들 중 훌륭하다고 평가 받는 것들 대부분은 안과 밖이 한 재료로 되어 있음을 기억 해 두자.

19

2층 집을 생각한다면

2층 이상으로 집을 지을 때, 집의 일부를 위층으로 터서 높은 천장을 이용하기도 한다. 개방감 있고 시원하며 디자인 면에서 극적 효과를 느낄 수 있다. 집 전체가 1층과 2층으로 나뉘어 단절되지 않고 하나의 공간으로 연결되는 면도 있고 많은 공기를 담을 수 있는 잇점이 있다.

하지만 이에 따른 문제점도 고려해야 한다. 우선 열 관리가 어려워져 위아래의 온도 차이가 심하게 난다. 겨울엔 더운 공기가 위로 올라가 아래층은 추울 수밖에 없고, 여름엔 그 반대가 된다. 또 아래층의 소리가 위층까지 울리게 되고 음식 냄새가 퍼져 환기가 쉽지 않다. 공기 나쁜 날 창문도 열 수 없을 땐 공기청정기에 의지해야 한다. 게다가 계단을 청소하는 일도 결코 작은 일이 아니다. 몸이 불편해질 수 있는 연배의 사람들에게는 한번쯤 짚고 넘어갈 문제다.

이러한 문제점을 무시한 채 무턱대고 디자인만 쫓을 일은 아니다. 또 어쩔 수 없이 개방해야 할 경우에는 별도의 대책을 마련해야 한다. 계단의 시작이나 끝에 문을 설치하여 공기의 흐름을 막고 2층의 개방된 공간에 유리벽을 설치하는 것도 한 가지 방법이다.

가운데 연못이 있는 중정 테라스⑪를 모든 방들이 에워싸고 있다. 따라서 내부 동선은 중정을 중심으로 연결된다. 반면에 거실⑧이나 식당⑦ 등은 반대편 넓은 외부를 향해 시야가 개방된다.
차고⑫와 연결된 입구①을 통과해 집 안에 들어서게 되면 좁고 어두운 현관홀②을 거친 후 중정 테라스⑪의 밝은 빛을 받고 있는 식당⑦과 거실⑧을 지나게 된다. 식당은 외부인에게 응접실이 되는데 앞뒤로 전망이 좋은 곳이고, 중정 테라스⑪와도 연결된다.
이 집의 가장 특징은 복도가 일직선이 아니고 몇 차례 꺾여 현관에 들어서면서부터 집 전체를 한눈에 볼 수 없고 차례로 공간이 나타나는 점이다.
거실⑧과 식당⑦이 중심에 있어서 이곳에 있으면 비로소 집 안 모두가 시야에 들어온다. 한가운데 자리하고 있는 중정 테라스⑪를 활용하는 방법에 따라 집의 표정과 개성은 달라진다. 연못이 아닌 텃밭이 될 수도 있고, 작은 숲이나 야생화 정원이 될 수도 있다.
조각 같은 예술작품을 두면 멋진 이미지가 형선된다. 땅에 여유가 있으면 시도해 볼 만한 집이다.

① 현관	⑧ 거실
② 현관홀	⑨ 침실
③ 탈의실	⑩ 주침실
④ 현관 화장실	⑪ 중정 테라스
⑤ 주방	⑫ 차고
⑥ 다용도실	⑬ 기계실
⑦ 식당	⑭ 창고

도면 10

자연속에 사는 생활은 역시 식탁에 모여앉아 식사하며 담소하는 즐거움을 빼놓을 수 없다. 도시에서와 같이 둘러진 벽속에 갇힌 조건에 비한다면 자연속에 식탁이 놓인다는 것은 축복이 아닐 수 없다. 장소를 잘 선정하여 적당한 일조량까지 도와준다면 그 보람은 더 커질 것이다.
그리고 비어있는 식탁과 의자가 둘러져 있는 것만으로도 벌써 동작이 예비되어 있어서 집안의 구심점이 되기도 하거니와 빈자리 자체도 아름다워 진다.

울창한 숲속에 간단한 디자인으로 개성 있는 오두막집이 자리하고 있다.
단순한 형태로 모던하기도 하지만 관리의 관점에서 보면 많은 장점이 있다.
도시 생활과 달리 전문가 도움을 바로바로 받기 힘들어 유지 관리는 사용자 스스로 해결해야 하는 어려움을 감안한다면 처음부터 군더더기 장식을 생략한 형태가 올바른 선택일 수 있다.

새가 둥지를 틀고 벌이나 거미들이 집 짓고 더럽히기도 하는가 하면 쥐나 뱀 혹은 기타 해충들이 모이는 등 예측 못 한 일이 생기므로 대비해야 한다.
좁은 입구를 통해 들어가면 안의 공간은 점점 넓어지고 작은 집이지만 천정이 높아 부피감이 있음을 겉모양에서도 알 수 있다.

좁은 입구가 특징으로 외관에서 폐쇄적인 분위기가 엿보인다.
자연을 꾸미거나 가꾸는 것보다 집 주위의 풍경을 있는 그대로 관조하면서 출입부 부분만 단순하게 정리하는 것으로 인위적 행위를 가능하면 자제하려는 집이다. 숲속에 자리 잡는 경우에 잘 어울리는 집이다. 작은 집으로 실내 생활 비중이 높아 안에서의 융통성이 필요하다.

현관에 들어서면 2층으로 올라가는 계단과 함께 그 위에 밝은 빛이 있는⑧ 높은 천정의 일부가 보인다. 현관홀 또 다른 쪽에는 부엌③이 통로에 있고, 이곳을 지나서 식당이 있는 거실⑥에 이르게 된다.
아래층 침실의 침대 머리 부분에 있는 벽은 이동형 문짝이어서 좌우로 열어 벽 속으로 밀어 넣으면 침실과 거실이 하나의 공간이 된다. 이때 침대를 안으로 이동하거나 소파침대를 사용하여 크기를 줄이면 보다 큰 거실을 확보할 수 있다.

① 입구
② 현관
③ 주방
④ 욕실
⑤ 침실
⑥ 식당+거실
⑦ 창고
⑧ 2층홀
⑨ 주침실
⑩ 거실 상부
⑪ 현관 상부

도면 11

침실은 모두 2층에 있고 계단으로 인한 단점이나 불편함이 문제가 되지 않는다면 그 장점 또한 무시할 수 없다. 전체적으로 공사비도 절약될 뿐 아니라 전망 확보도 유리하고 전원생활의 일상적 습기 문제도 걱정을 덜게 된다. 현관②에 들어서면 바로 2층으로 오르는 계단이 있다.
2층의 두 개의 침실은 각각 입구 부분에 탈의실⑭이 있어서 이곳에서 실내복으로 갈아입게 된다.
아래층 거실의 천정 일부가 2층 천정까지 높게 뚫려 있어서 환기용 굴뚝이 되고 있다.
아래층의 주차장은 벽만 둘러진 상태인데, 지붕을 덮게 되면 현관까지 눈비를 피할 수도 있게 된다.

① 입구　　　　　⑨ 주차장
② 현관　　　　　⑩ 테라스
③ 현관홀　　　　⑪ 2층계단홀
④ 거실　　　　　⑫ 주인침실
⑤ 식당　　　　　⑬ 화장실
⑥ 주방　　　　　⑭ 탈의실
⑦ 보조주방,　　 ⑮ 침실
　 다용도실　　　⑯ 거실 상부
⑧ 화장실　　　　⑰ 침실 마루방

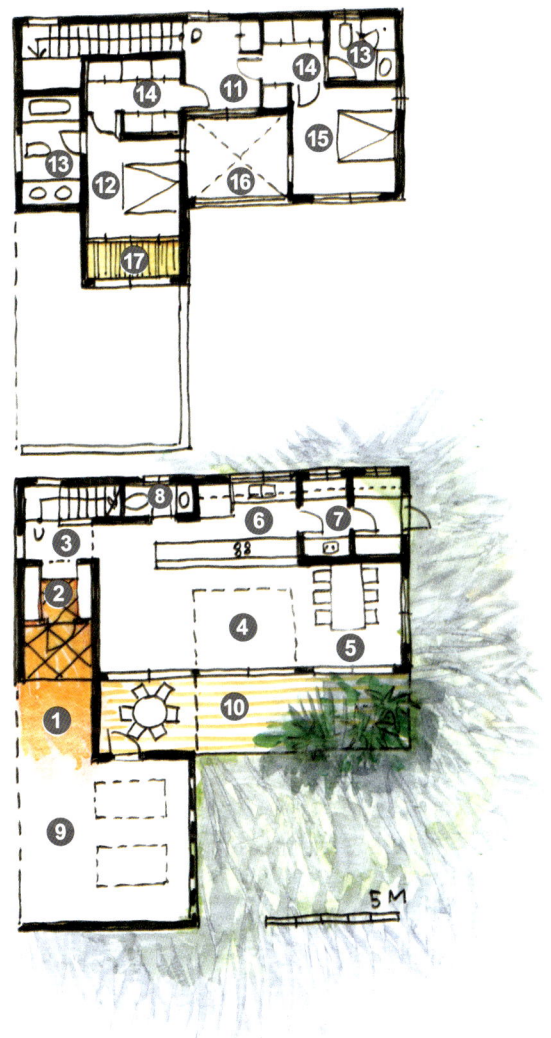

도면 12

2층 집의 효율성

집을 2층으로 지어 집 내부에 계단을 만들면 계단을 위한 면적도 할애해야 하고 오르내리기가 불편해 부담이 될 수 있으나 마침 경사지에 집을 짓는다면 현관 출입을 아예 윗땅에서 하는 방법도 고려해 볼만하다. 이 경우 2층이 1층이 되며 그 아래층은 지하층이 된다. 이 아래층은 완전한 지하실은 아니어서 사용 빈도가 많지 않은 시설로 사용할 수도 있다. 취미생활 공간이나 체력 단련실 또는 기계실 등으로 쓸 수 있다. 일부가 땅속에 접해 있기 때문에 기온 변화가 적어 저장고로도 쓸 수 있다. 이러한 아래층을 만들기 위해서는 반드시 경사지가 아니어도 된다. 위층 입구 부분까지 땅을 높여서 인공적인 경사지를 만들면 가능하다. 이렇게 만든 위층은 습기의 영향을 덜 받게 되어 비교적 쾌적한 환경을 누릴 수 있다.

단순하면서도 기하학적인 외관의 이 집은 현대적인 감각을 보여 준다. 이러한 디자인은 기술적으로도 정교한 시공이 있어야 가능하다. 집의 일부를 들어 올려 그 밑을 차고로 사용하고 있는데, 경사지에 집을 짓는 경우에는 적극 활용 할 수 있는 좋은 방식이다.

도면 13

남쪽으로 경사진 대지를 그대로 살리면서 지은 집이다. 바닥 높이를 반 층씩 엇갈리게 하여 식당⑪을 기준으로 거실⑫은 반 층 아래에 있고 주침실⑨은 반 층 올라가 세 개의 층으로 이뤄졌다. 거실이 있는 땅을 기준으로 보면 주침실⑨은 2층에 있어 아래로 주차할 수 있는 공간이 자연스럽게 생긴다. 계단의 불편함이 문제 되지 않는다면 이처럼 각자 높이를 갖는 공간은 좋은 점이 많다. 거실은 자연을 눈높이 그대로 접하는 장점이 있고 위의 식당과는 시각적으로 분리된 독립 공간을 확보할 수 있다.

식당은 거실을 아래에 두고 그 위치에서 먼 곳을 전망할 수 있는 데다 거실에서 경사진 채 올라온 천정으로 인해 다락방 같은 아늑함이 있다.
독립된 디자인을 보여주는 주침실⑨은 입구⑥에 들어서면 계단이 앞을 막고 그 위에 경사진 벽 안쪽으로 감춰진 공간이 있다. 마름모 형태를 취하고 있는 방은 아래층 방들과는 전혀 다른 날카로운 스타일로 집 속에 또 하나의 이질적인 요소를 새겨 넣은듯하다. 사선으로 갈라진 틈새로 벽을 타고 들어오는 빛은 극적인 효과를 연출한다.

주 침실⑨은 가장 높은 곳에 자리하고 있는 만큼 습기에 한결 자유롭고 아래층과는 또 다른 전망을 갖는다. 하나의 집 안에서 바닥 높이를 달리해 각각 다른 개성으로 공간을 만들어내는 높은 수준의 건축술을 보여주는 눈여겨 볼 만한 집이다.

① 입구   ⑨ 주침실
② 현관   ⑩ 침실
③ 탈의실   ⑪ 식당
④ 기계실   ⑫ 거실
⑤ 현관홀   ⑬ 주방
⑥ 주침실 입구 ⑭ 다용도실
⑦ 욕실   ⑮ 외부 계단
⑧ 파우더룸

이 집의 중심은 거실이 아니고 식당이다. 현관에서 이어진 동선은 식당을 지난 다음에야 거실로 내려간다. 침실이나 주방도 식당과 같은 레벨에 서로 이웃하고 있는데, 주침실은 반 층 위에 그리고 거실은 반 층 아래에 있다.

식당과 거실은 바닥이 다르지만 천정은 한 공간으로 연결된다. 식당에서는 밖의 자연 정치를 내려다보고, 거실은 거실대로 똑같은 풍경을 가까이에서 수평의 눈높이로 본다. 위에서 바라보는 원경과 아래에서 보는 근경 등 하나의 경관을 각기 다른 위치에서 바라보게 하고 있다. 또 거실 뒤쪽으로 면적을 늘리면 지하실이 가능하고 더 나아가 차고와 연결해 문을 낼 수도 있다.

집을 다 짓고 나서 살아가는 동안 미처 예측하지 못했던 환경이 만들어 지기도 한다. 집 밖과 안에서 추운 곳과 더운 곳이 생기고 유난히 비바람이 들이치는 곳도 만들어진다. 기대 이상으로 햇빛이 들어오는 공간이 생겨서 추운 날엔 더없이 좋은 곳이 되기도 한다. 이처럼 살아가는 동안 저절로 얻어지는 즐거움도 있지만, 자연의 원리를 조금만 안다면 그런 환경을 더 적극적으로 만들어내 효율적으로 사용할 수도 있다.

자연에 순응하는 집의 형태

한겨울에 몰아치는 찬바람을 살짝 방향을 틀어 피할 수도 있고, 바람을 등지게 하여 따뜻한 안마당을 만들 수도 있고, 또한 여름에 부는 바람을 골목길을 통과시켜 더 시원한 바람으로 만들 수도 있다. 비탈진 대지 위에 흐르고 있는 습기, 비에 젖은 흙이 만들어내는 압력 등으로 인해 건물이 어떤 영향을 받게 되는지 미리 예측하고 대비하지 않으면 돌이킬 수 없는 큰 부담이 되기도 한다. (50페이지 참조)

21

건물의 미래의 용도도 고려사항이다

단순하게 자연과 더불어 사는 것이 목적이라면 그에 맞게 집을 지으면 된다. 하지만 언젠가 여건이 바뀌어 찻집이나 펜션 등을 운영할 가능성을 생각한다면 당연히 처음부터 건축설계의 개념도 바뀌게 된다.

나중을 생각하여 인허가 신청할 때부터 용도를 주택으로 한정 짓지 말고 공방이나 전시실, 또는 음악홀이나 펜션 같은 것으로 해두는 것이 훨씬 유리하다. 새로 짓는 집에 취미활동이나 컬렉션을 겸하는 경우 이는 자신이 사는 지역에 문화 공간을 만드는 일이라 이웃과 더불어 사는 삶에도 긍정적이다.

체육 시설이나 열린 도서실 운영도 생각해 볼 만하다. 지역에 따라서는 식당 같은 시설을 제한하는 곳도 있기 때문에, 필요할 때 앞서 말한 문화 시설들의 부속 휴게실로 삼으면 인허가 사항의 별도 규제를 받지 않게 된다. 참고로 일반 주거 시설이 아니면 전기요금 누진제 적용을 받지 않는다.

22
증축 계획은 처음부터 세워두자

처음에는 작은 규모의 집이 별문제가 없었는데 살면서 점차 비좁게 느껴질 수 있다. 그럴 때는 집의 증축을 생각하게 되는데 사실은 처음부터 이런 경우를 예상하여 대비하는 것이 좋다.

여유가 되면 건물 주위의 땅을 확보해 두고 설계까지도 생각해 두자. 처음 집을 지으면서 증축을 위한 기초공사만이라도 미리 해둠으로써 훗날 쉽게 이어 지을 수 있다. 그렇게 되면 구조 문제로 벽이 갈라지고 물이 새는 어려움도 예방할 수 있으며 전체 공사비 절약은 물론 증축 시 땅을 다시 파헤쳐야 하는 번거로움도 없을 것이다.

나아가 증축에 대비해 기초뿐 아니라 아예 전체적으로 콘크리트 바닥을 만들어 둔다면 쓸모 있는 마당으로 사용할 수도 있다. 더 나아가 간단하게 지붕까지 만들어 두게되면 그야말로 다용도 공간이 될 것이다. 이런 경우 급배수 설비나 전기 시설까지 매립해 두어야 한다.

참고로 콘크리트 바닥이 외부에 노출되는 경우는 그 아래에 스치로폼 등을 깔아 겨울의 동파사고를 방지하는 대책이 필요하다.

이 집은 각 유닛이 제각각 독립 건물로 세워졌다. 땅을 생긴 그대로 사용하여 자연스럽게 배치하면서, 모든 시설들이 펜션 같은 용도처럼 프라이버시가 요구될 때 좋은 평면도다.

건물과 건물 사이의 간격이 만들어내는 변화 있는 틈새라든가 빛과 그림자의 움직임, 그리고 그 사이를 통과하는 바람 등을 담아내기 위한 장치를 세우는 일이어서 단독 건물이라든가 줄 맞춰 무표정하게 지어내는 집에서는 못 느끼는 풍부한 표정이 있다. 자연과 인간의 관계 설정에 있어서 무엇이 중요한지를 보여 준다.

필요에 따라서 몇 채든 더 연결해 나갈 수도 있고 겉에서 보면 마치 하나의 마을처럼 보여 큰 호기심을 불러낼 수 있다. 이런 설계는 방 하나하나의 완성도도 중요하지만 그에 못지않게 사이 공간에 자연스러운 설계가 더 중요하다.

입구①와 마당②이 있는 부분의 땅이 앞의 테라스⑥보다 높아서 남쪽으로 시야가 트이고, 따라서 테라스들이 이 집의 중심 테마가 되고 있어서 조망이 좋은 곳에 터를 잡는 것이 우선이다. 침실은 2층까지 합해 4개가 되고 테라스도 4개를 갖추고 있다.

① 마당 입구
② 마당
③ 거실
④ 주방+식당
⑤ 침실
⑥ 테라스
⑦ 서비스 공간
⑧ 2층 계단

도면 14

지중해의 이탈리아 아말피에 있는 테라스를 예로 들었다. 전망이 좋은 경사지를 택하여 집을 지었다면, 집 밖의 옥외 생활을 놓칠 수는 없겠다.
특히 잔치나 이웃들과 함께하는 시간이 많을 경우에는 요령 있게 시설을 갖춘 테라스는 전원생활을 한결 윤택하게 할 수 있다. 펜션으로 사용해도 손색이 없을 것이다.

23

울타리는 거부감 없게

집을 새로 지을 때까지는 이웃에 좋은 인상을 주며, 거부감 없는것 까지는 좋았는데 마지막 작업으로 울타리나 담장을 높게 두르면서 지역 정서와 맞지 않아 거리가 멀어지는 경우가 있다. 닭이나 오리를 방목한 다든지 개를 풀어놓고 기를 생각이라면, 혹은 처음 접하는 시골 생활의 불안한 마음을 가라앉히기 위해서 부득이하게 울타리를 선택해야 할 때가 있다. 이런 경우 안쪽으로는 울타리를 설치하더라도 바깥쪽으로는 측백나무 등을 촘촘하게 심는 것이 좋다. 밖에서 볼 때 울타리가 보이지 않으므로 한결 거부감이 덜하다. 봄이 오면 안쪽 담장 높이에 맞춰 울타리 나무의 키를 고르게 잘라 주면 잎이 옆으로 자라서 시선 차단에 도움이 된다. 아래의 그림은 울타리 아닌 울타리를 보여 준다.

24

차고를 집 안과 연결시키자

자동차와 함께하는 생활이 일상이 된 상황에서 차고는 중요한 시설이다. 도시에서 멀리 떨어져 살면서 교통수단으로 대중교통이나 기타 시설에 의지하지 못한다면 스스로 수단을 강구해야 한다.

만약 개인적으로 자동차를 운용하게 되는 경우에는 적극적으로 건축시설과 연결 시키도록 프로그램을 만들어야 한다.

차고를 현관과 부엌, 그리고 다용도실 등과 긴밀하게 연결해 자동차가 단순한 탈것이 아니라 거주자의 생활 매개자 기능을 하도록 건축 차원에서 배려를 해야 한다는 것이다.

이 책에 담긴 평면도 대부분에 주차시설과 건물과의 관계를 특별히 강조하고 있다. 집을 지을 때 차고에 대해서도 더 많은 이들이 관심을 가졌으면 하는 바람이다.

도면 15

현관②은 차고⑨와 바로 연결되어 있어서 신을 신은 채로 왕래할 수 있어서 편리하다. 또 그 사이에 수납장⑬이 있는 것도 쓰임새가 크기도 하지만 차고에서 다용도실⑧과 보조 주방⑦을 거쳐 주방으로 동선이 연결되는 것도 눈여겨볼 만하다.

또 주방에서 테라스⑫와의 연결성도 좋다. 주방은 현관과 거실 그리고 침실의 입구와 남쪽의 테라스를 향하고 있어 집 안의 중심 시설임을 보여주고 있다. 현관의 화장실③도 탈의실을 겸하고 있다.

① 입구
② 현관
③ 욕실
④ 거실
⑤ 식당
⑥ 주방
⑦ 보조 주방
⑧ 다용도실
⑨ 차고
⑩ 침실
⑪ 주침실
⑫ 테라스
⑬ 수납장

25
화장실 딸린 독립된 별채

대지의 조건에 맞고 경제 여건이 허락한다면 화장실이 있는 독립된 별채를 짓는 것이 여러모로 좋다. 가령 황토를 사용해 벽을 만들고 구들장에 장작불을 지필 수 있는 건강을 위한 전통적 스타일의 친환경적 황토집을 만들어 두면 그 사용 범위는 실로 다양할 것이다. 도시에서 찾아오는 가족이나 친지를 위한 특별한 공간이 될 수도 있고, 숙박객을 위한 민박 시설이 될 수도 있다.

모든 방들은 독립된 건물로서 불규칙하게 배치되어 있고 그 사이는 데크로 연결되어 있다. 이런 종류의 집들은 증축할 경우 기존 건물에 영향을 크게 주지 않고 손쉽다는 장점이 있다. 공사비는 더 들게 되는데 각 실의 프라이버시나 옹기종기 모여 있는 공간의 묘미를 얻기 위해서는 더할 나위 없는 아주 좋은 방법이다. 대가족이 아니더라도 동호인을 위한 공동생활용은 물론 펜션 같은 시설로도 권장할 만하다. 데크①은 각 유니트를 연결하는 통로 공간이면서 옥외 생활의 쉼터 같은 곳이다. 필요한 경우 간단한 구조로 지붕을 씌우는 것도 생각해 볼 일이다.

① 데크
②주방, 식당, 거실
③침실
④작업실

도면 16

에너지 절약을 위한 구조

땅 위에서 삶을 영위하는 한 완벽한 단열은 쉬운 일이 아니다. 그렇다고 해서 지상의 기온에 영향을 덜 받는 땅속 깊숙한 곳에 내려가서 살 수도 없다. 시중에 판매하는 건축자재를 가지고 온갖 수단을 강구해 봐야 하지만, 결국 단열과 보온에는 한계가 있다. 현행 건축법규의 단열에 대한 규정은 최소한의 수준일 뿐이다. 따라서 규정을 준수했다고 해서 만족할 일은 아니다. 국가 차원에서도 환경 보호나 에너지 절약을 위해 단열에 대한 규제를 날로 강화되는 추세라 오늘 지은 집이 내일은 규격 미달이 될 수도 있다. 에너지를 적게 쓰는 집짓기에 관심을 갖고 단열이나 보온 대책을 강구하는 것은 더할 나위 없이 중요한 일이다. 비싸고 좋은 단열재도 중요하지만 원천적으로 좋은 형태의 설계를 통하여 처음부터 단열에 유리한 구조로 설계해야 한다.

좁고 기다란 단순한 형태로 세련된 멋을 보여주는 집이다.

좌측은 여럿이서 함께 하는 공간이고 우측은 개인적인 침실이 있는 곳으로 좌우로 기능이 분리되어 있다. 거실⑤의 서측테라스⑥는 외벽을 만들어 오후의 해를 차단, 테라스와 거실을 보호하고 있는데, 지붕까지 덮는다면 쓰이는 용도가 더 커질 것이다.
풀꽃에 관심이 있는 경우 거기서 그치지 말고 온실로 발전시켜 개성을 만들어 나가는 것도 권장할 만하다. 침실로 들어가기 전에 있는 탈의실⑫은 실내복으로 옷을 바꿔 입는 곳이다. 계절에 맞는 옷만 수시로 구비하기 때문에 큰 면적이 필요하지 않는 곳이다.
북측면은 수납가구로 둘러져 있어서 북측의 냉기도 막는 데 도움 되고 가지런한 디자인의 반복으로 깨끗하고 세련된 실내 분위기를 만들게 된다.

① 입구　　⑧ 침실
② 현관　　⑨ 주인침실
③ 주방　　⑩ 마루방
④ 식당　　⑪ 화장대
⑤ 거실　　⑫ 탈의실
⑥ 서측테라스　⑬ 다용도실
⑦ 보조주방

도면 17

26
단열에는 외단열과 내단열이 있다

건물의 단열에는 외벽을 감싸는 외단열 방법과 집 안을 감싸는 내단열 방법이 있다. 각각 장단점이 있으므로 신중하게 선택하도록 하자.

외단열은 공법이 간단하고 재료도 절약되어 비용이 저렴한 것이 장점이다. 하지만 마지막 지붕 부분은 내단열로 해야 하기 때문에 그 연결 부위가 어디에선가 끊어지게 된다. 따라서 단열에 공백이 생겨 구멍이 뚫린 형국이 되는 것을 감수해야 한다.

내단열은 각각의 방마다 벽과 바닥, 천장을 모두 단열해야 하기 때문에 자재를 많이 사용하게 되고 따라서 비용도 많이 든다. 대신 외단열에 비해 단열 효과가 우수한 장점이 있다. 그런 면에서 볼 때 요즘 많이 쓰는 단열재인 샌드위치 패널이 단열 성능만으로는 장점이 크다. 하지만 석유류 제품이라 화재에 취약하고 가벼운 단열재 자체를 구조재로 사용하는 데서 오는 문제점도 있고 구조재로 사용하지 않더라도 그 내구성이 보장 않된다는 것을 감수해야 한다.

치장 벽돌 쌓기 방식의 조적공사는 벽돌과 벽돌 사이에 단열재를 채우며 집을 짓는 공법이다. 이 방식은 단열재끼리의 이음새에 문제가 생기고 또 벽 상부 테두리보를 설치하는 부분에서 단열이 끊겨 공백이 발생하게 된다. 따라서 단열의 효과 면에서 좋은 공법이라고 할 수는 없다. 그보다는 경량블록으로 알려진 ALC블록이 아직까지는 더 효율 적인 재료다. 불연재이기도 하면서 품질을 믿을 수 있는 장점이 있긴하나 역시 지붕 부분에서는 완벽하게 처리하기가 쉽지않은 단점이 있다.

기초 공사를 할 때 지면에다 단열재를 까는 경우를 보게 되는데, 이것은 땅속의 자연적인 보온기능을 차단하는 결과를 초래하기 때문에 좋지 않은 방법일 수도 있다. 다만 땅에 면하는 콘크리트 바닥과 기초의 깊이가 동결선 이하일 때는 기초가 동파되는 것을 방지하기 위해 단열을 할 필요가 있다. 그렇지 않은 경우 땅속 깊숙한 곳의 지열을 일부러 차단해야만 하는지 검토해야 한다

27
개구부가 문제다

상식적인 이야기지만 집이라는 것에는 첫째 바닥이 있어야 하고 둘째 벽이 있어야 하며 셋째 지붕이 있어야 한다.

정상적이고 평범한 기준으로 실내에서 보면 이 중 단열과 보온이 가장 취약한 부분은 천장(지붕)이고 그 다음이 벽, 그리고 마지막이 바닥이다. 그렇기 때문에 벽보다는 천장의 단열 두께가 두꺼울 수밖에 없다. 열효율의 측면에서는 이렇게 집을 지으면 별문제가 없을 것이다. 그리고 이론적으로 최선의 단열을 위해서는 모든 개구부들을 밀폐해 버려야 한다. 하지만 출입하는 문과 창이 없다면 이것을 집이라고 할 수는 없겠다. 결국 이러한 개구부가 바로 열관리 면에서 치명적인 약점이 되는 것이다.

전망이나 환기를 생각한다면 시원하게 큰 창이 좋지만, 열효율 측면에서는 창을 낼 때 되도록 크기는 작게, 창문 수는 적게 하는 것이 좋다. 여기서 알고 있어야 할 것은 유리는 단열재가 아니라는 점이다.

또 뒤에서 언급하겠지만 문도 2중, 3중으로 설치하면 여러 가지로 잇점이 있다.

28

지붕 단열의 어려움

집의 첫 번째 기능은 외부로부터 내부를 보호하는 것이다. 그런 의미에서 지붕은 자연으로부터 거주 공간을 보호하는 일차적인 역할을 한다. 눈과 비는 물론이고 추위와 더위를 막아야 한다. 눈과 비, 추위와 더위는 서로 성질이 다르기 때문에 하나의 지붕으로 막아내기에는 많은 어려움이 있다. 우리가 말하는 단열재로 추위와 더위는 막을 수 있지만 눈과 비까지 동시에 막을 수는 없다. 따라서 집 전체를 단열재로 씌우더라도 공법상 지붕 위를 단열재로 씌운다는 것은 많은 어려움이 따른다. 단열재가 눈과 비에 그대로 노출되거나 추위와 더위에 튼튼한 보호막 없이 직접 외기에 노출되면 그 수명이 현저하게 짧아질 수밖에 없다. 현대 건축 기술의 놀라운 성취에도 불구하고 일반적으로 값싸게 이용할 수 있는 완벽한 수단이 없는 편이다. 아직 우리는 이 단계에서 머물러 있는 실정이다.

세계의 지붕으로 불리는 히말라야 산중의 작은 나라이며 마지막 파라다이스라고도 불리는 부탄의 전형적인 농가이다. 국민소득이나 경제지표와 관계없이 행복지수 1위로 알려진 곳이다. 건물 위에 지붕을 따로 설치하여 지붕 아래에서 곡식을 말리기도 하고, 한낮이 지난 여름 밤에 지내기 좋은 곳이다. 맨 위의 지붕은 단열이 없이 비를 피하고 그늘을 만들어주는 역할만 한다. 그 아래 편편한 옥상은 흙을 깔아 단열층을 만들고 있다. 석유제품이나 공산품의 단열재가 없기 때문이기도 하지만 흙으로 바닥을 만들었기 때문에 흙이 젖지 않도록 보호하기 위해 별도로 지붕을 만들게 된 것이다. 이처럼 지붕을 2중구조로 만들어낸 그들의 지혜를 눈여겨볼 필요가 있다.

부탄의 불교사원들을 '쫑'이라 하는데, 그 쫑도 마찬가지로 건물의 지붕을 방수와 단열로 나눈다. 그러니까 이곳의 건물들의 지붕은 모두 서로 약속한듯 한가지 방식을 택하고 있는것이다. 이처럼 건물이 국왕이 살고 있는 왕궁이건 사찰 건축이나 주택에 이르기까지 통일된 지붕 스타일로서 한 국가의 정체성을 이루고 있다.

29

창을 두 겹으로 하는 것이 안전하다

열을 차단하고 밖으로부터 오는 먼지와 해충을 막는 창의 폐쇄 기능 측면에서 보면 유리창을 이중으로 하는 것도 좋은 방법이다.

예를 들면 내부에 나무창을 하나 더 설치하는 것이다. 이 경우 나중에 창을 닦을 때 손이 닿지 않는 부분이 생길 수도 있음을 조심해야 한다. 청소를 할 수 없어 항상 더러운 채 살게 될 수는 없는 일이니까 그 사이를 띄워야 한다는 것이다.

또 창문에 손잡이가 있으면 커튼을 설치할 때 장애물이 될 수도 있으니 창을 주문할 때 이런 사항을 미리 고려해야 한다. 창을 만드는 사람과 설치하는 사람, 커튼 작업하는 사람이 모두 달라 종합적으로 파악되는 이러한 문제를 놓칠 수 있다.

이 집의 지붕은 방수와 단열의 기능을 나누어 만든 것이다. 겉의 경사지붕은 눈비를 막아내며 집에 큰 그림자를 제공하고 통풍이 좋게 해준다. 아래의 평면 지붕은 보온을 겉에서 하게 되는, 소위 외단열 방식으로 집 안에서 하는 천장 속 내단열 방식보다 효과가 훨씬 좋다. 부탄의 전통적 농가주택을 현대 방식으로 재구성해 본 것이다.

30
창에 대한 투자는 아끼지 말자

유리창의 유리는 이중, 삼중의 페어 글라스라 해도 단열의 관점에서 볼 때 결코 마음 놓을 일이 아니다. 게다가 더 중요한 것은 창틀이나 문틀이다. 틀의 구조 자체가 단열이 되지 않거나 틈새가 완전치 못한 경우가 많다.

고급 제품이 아닌 경우에는 보기와 달리 더 열악하다. 공사비 절감은 다른 곳에서 하고 창문만은 질 좋은 제품에 투자하길 적극 권한다. 창을 자세히 보면 허점투성이로 만드는 곳도 많음을 알게 된다. 고정창이라면 관계없지만 열고 닫는 창일 경우 틀의 틈새는 작은 털 조각을 붙인 것에 불과해 두꺼운 벽과 비교해 단열 면에서는 터무니없이 초라하다. 이는 마치 단열 성능이 좋은 냉장고의 문을 조금 열어놓고 사용하는 것과 마찬가지라 할 수 있다.

31
좋은 창의 밀폐도 문제가 될 수 있다

집을 잘 짓기 위하여 단열이나 보온에 충실하고 구조적으로도 건실해야 하는 것은 당연한 일이다. 그런데 그렇게 해서 지은 자랑할 만한 집이 완벽한 방음 창호로 인해 새벽의 아름다운 새소리도 들을 수 없고 한겨울 쌩쌩 부는 바람소리도 들을 수 없다면 이게 과연 좋기만 한 일일까? 뿐만 아니라 지붕에는 두꺼운 단열재를 사용한 탓에 한밤중 지붕을 두드리는 빗소리도 즐길 수 없다면? 값비싸고 성능 좋은 창과 방충망을 사용하면 밖에서 불어오는 먼지와 꽃가루, 지저분한 곤충들까지 깨끗이 막아낼 수는 있을 것이다. 하지만 자연을 즐기기 위해 자연 속으로 들어왔는데 다시 자연을 차단해 버리는 꼴이다. 결국 이 문제는 자신의 취향을 고려해 해결할 수밖에 없다.

무엇을 지키고 무엇을 포기할지 또는 어떻게 절충할지 고민하며 자신만의 해결책을 찾아나가야 한다.

32

난방용 보일러 선택은 연료 조달이 우선이다.

자연 속의 집은 아궁이와 구들을 만들어 재래식으로 방을 데우는 방법이나 바닥에 전기장판 또는 코일을 깔아 전류를 보내는 방법이 아니고 보일러를 사용하는 방법이라면 겨울철 실내 난방을 위한 연료를 무엇으로 할 것인지 결정해야 한다. 땔나무 같은 기타 땔감을 태워서 사용하는 보일러는 열이 식지 않도록 계속 불을 관리해야 하고 타고 남은 재를 계속 치워야 하는 번거로움이 있으며 먼지의 발생도 피할 수 없다. 하지만 땔감을 싸고 손쉽게 구할 수 있고 남은 재를 재활용할 수 있으며, 또 활활 타오르는 불꽃을 즐기기 원한다면 나무 장작을 선택하면 좋지만 가장 많이 사용하는 종류는 기름보일러다. 보일러 자체로는 단점이 별로 없지만 기름을 배달하는 현지의 조건을 고려해야 하고 기름을 아껴 써야 한다는 심리적 위축감으로 기름통 눈금에 신경이 쓰인다는 점을 단점으로 들 수 있다. 참고로 장작과 기름을 겸해서 쓰는 제품도 있다. 전기보일러는 연료를 태우지 않는 데다 쓰레기나 배기가스가 없는 무공해 방식이다. 난방용이나 급수용 모두 부피가 작아서 작은 면적에서 쉽게 설치 가능하고 유지 관리도 아주 쉽다는 장점이 있다.
단, 순수한 주거용 건물에는 전기요금 누진세가 적용된다는 사실을 잊지 말아야 한다.

33

난방 온돌바닥 배관은 세심하게 구획을 나누자

보일러를 사용해 물을 데워 바닥 난방 배관을 할 때, 구획을 방별로 나누어 온도 조절을 하는 것은 상식이다. 여기서 한걸음 더 나아가 하나의 방이라도 창가와 안쪽을 구분하여 나눈다면 방의 온도를 부분별로 조절할 수 있어서 실내온도를 고르게 할 수 있다. 특히 외벽과 접하는 마루방은 독립 배관이 되어야 한다. 그리고 식당과 주방이 한 공간이라 하더라도 바닥 난방은 구획을 나눠 배관해야 한다.

주방 바닥을 거실이나 식당과 똑같은 온도로 유지하면 조미료나 음식물 등에는 적합하지 않을 수도 있기 때문이다. 또 옷장이나 가구가 있게 되는 바닥까지 난방을 해야 하는지는 생각 할 필요가 있다.

여기서 한마디 더 한다면, 땅속 깊은 곳의 지열을 이용한 냉난방 방식이나 태양열을 이용하는 것에 대해서는 지금으로써는 그 경제성이나 친환경적 측면에서 조심스럽게 접근해야 할 일이다. 더우기 태양광 패널로 만들어지는 지붕 위의 기괴한 풍경은 사는 사람의 메마른 정서를 그대로 드러내 보이는 것일수도 있음을 기억하자.

34

욕실의 바닥 난방이 어렵다면
라디에이터를 설치하자

물을 쓰는 특성상 욕실은 바닥을 낮추게 된다. 보통 150밀리미터 정도 충분히 낮추면 욕실의 문을 여닫을 때 실내화가 문에 닿지 않아 편리하다. 이때 방수공사라든가 급배수관 공사와 겹치게 되는 경우가 많아 욕실의 바닥 난방을 생략할 때가 많다. 그럴 때면 라디에이터를 바닥에 세우지 말고 벽에 매달리게 설치하도록 디자인된 것을 구해야 하고 없다면 별도 제작할 필요가 있다.

실내 공기를 데울 수 있을 뿐 아니라 바닥 물청소 시에도 편리하고 라디에이터에 젖은 수건을 말릴 수도 있도록 사다리 형태를 취한다면 보기도 좋고 편리한 것이 될 수 있다.

35
분배기는 눈에 띄지 않게, 기계실은 멀리

바닥에 온수 배관을 하면 그 모든 배관을 한곳에 모아 온도를 조절하는 분배기를 설치해야 한다. 그런데 대개 이것을 별 관심없이 소홀히 다루고, 그저 설비 기술자들의 손에 전적으로 맡김으로서 집 전체 디자인에 치명적 결함을 만들기도 한다. 대체적으로 화장실에 두는 경우가 많은데 그 보다는 어디에 두더라도 눈에 띄지 않게 하는 것이 미관상 좋다. 설계할 때부터 별도의 장소에 미리 자리를 잡아두는 게 좋고, 조작이나 보수가 손쉽게 가능하도록 해야 한다. 또 보일러나 펌프용 모터가 있는 기계실은 침실에서 멀리 떨어져 있어야 한다. 비록 침실 아래 지하층에 있다 하더라도 한밤중에는 기계 울림이 생각 이상으로 크게 전달된다. 따라서 차고 부근이나 다용도실 등이 좋을 것이다.

36
진공청소기의 문제점

실내 청소용으로 시판되는 진공청소기는 흡입기로 먼지를 빨아들이면 배기구로 공기를 내보내게 되어 있다. 이때 어쩔 수 없이 미세먼지가 발생한다. 이 미세먼지는 온 공간으로 퍼져나가기 때문에 차라리 청소를 안 하느니만 못할 수도 있다.

요즘은 미세먼지가 제거 된다는 필터를 사용한 제품이 있기도 하지만 원천적으로 해결하려면 배기구가 있는 청소기 본체를 건물 밖에 두고 먼지를 빨아들이는 흡입기만 실내에 두면 이 문제를 아주 쉽게 해결 할 수 있다. 이렇게 하기 위해서는 설계할 때 소위 덕트라는 것을 설치하여 청소를 해야 할 장소의 중앙 부위에 흡입을 위한 호스를 꽂을 수 있는 장소를 정해 놓아야 한다. 그리고 청소기 본체는 눈비를 가릴 수 있는 외부나 주차장 한편에 두고 덕트를 통해 상호연결 하면 된다. 이러한 작업은 집을 짓기 전에 미리 준비해 두지 않으면 공사완료 후에는 설치가 어려울 수도 있고 미관을 해칠 수도 있다.

37

실내 환기를 위해 열 교환 장치의 설치

실내 환기는 대단히 중요하다. 특히 창호 성능이 훌륭해 밀폐성이 좋은 제품은 밀폐기능이 거의 완벽하기 때문에 실내는 외부와 차단되어 새 공기가 거의 유입되지 않는다. 일상생활에서 발생하는 냄새와 가스로 인해 실내 온도가 상승하고 산소가 부족해 질 수도 있다. 이러한 냄새와 유해가스는 사람들에게서 뿐만 아니라 집을 이루고 있는 자재나 집기에서도 발생한다. 수시로, 혹은 항상 창을 열어 놓는다면 역설적으로 좋은 창호는 별 의미가 없다. 그리고 환기 문제는 해결된다 하더라도 겨울철에는 찬 공기로 인한 열 손실을 감수할 수밖에 없고 미세먼지의 유입 또한 큰 걱정거리가 될 것이다. 반대로 여름철에는 에어컨으로 식혀 놓은 공기가 밖으로 빠져 나가버리는 낭비도 생긴다. 이런 경우 대안은 열 교환 장치 설치다. 겨울철에 열 교환 장치의 스위치를 켜면 천장 속에 설치된 기계와 환기구에 의해 실내의 더운 공기가 밖으로 빠져 나가면서 새로 들어오는 찬 공기를 데워준다. 이때 별도의 장치 없이 공기의 교환만으로도 열 손실이 50퍼센트 정도 줄어든다. 환기를 위해 번거롭게 창문을 열지 않아도 되고 에너지고 절약된다. 국산 제품도 훌륭하고 내부에 공기 정화 장치가 있어서 웬만한 먼지는 걸러 준다. 여름철에 바깥 기온이 더 높을 때에는 더운 공기가 실내로 들어올 수밖에 없는데, 이때에도 기존의 실내공기와 차이나는 온도 중 50퍼센트만 올라간다고 보면 된다. 좋은 창을 사용할 경우에 염두에 두어야 할 사항이다.

창, 어떻게 활용할까?

창은 그 특성상 실내에서 가장 밝은 장소이다. 특성을 파악하면 새로운 장소로 만들 수 있는 가능성이 열린 곳이다. 창가에 앉거나 누울 수도 있고 또 책을 읽는 독서의 장소가 될 수도 있다. 아무 생각 없이 지나칠 수 있는 곳을 특별한 장소로 바꿀 수 있는 안목이 필요하다.

38

실내에 들어오는 밝은 빛이
좋기만 한 것은 아니다

창을 통해 집 안 깊숙이 들어오는 밝은 빛은 실내 분위기를 밝고 경쾌하게 해준다. 그렇지만 무턱대고 밝기만 한 빛을 온 방안에 들이면 가구나 책 등을 변질시키고 길게 보면 사람에게도 좋지 않은 영향을 미칠 수 있다. 커튼 같은 차단장치가 도움이 되지만, 유지관리 측면에서 창 크기를 검토하여 조절해야 한다.

다소 생소한 이야기 같지만 어둠도 생활의 일부로 즐기길 권한다. 우리 전통의 창호지 문이 만들어내는 반그늘 공간이 보여 주는 멋을 되살리는 것도 좋은 방법이 된다.

창이 작을수록 단열 효과도 유리하고 넓은 벽면이 생기면서 보다 많은 수납장을 설치할 수도 있다. 사람이 누울 수 있을 만큼의 폭을 확보하는 게 가능하다면 간이침대로 활용도 되고 높이를 의자 치수에 맞게 만들면 붙박이 의자가 되기도 한다.

잠깐, 이쯤에서 지금 우리들이 살고 있는 수많은 집들이 오랜시간 이 땅에 남아 있어서 세월이 지날수록 그 가치가 더해 갈 수 있는 것이 몇이나 될까 생각해 본다.

불과 몇 십년도 버티지 못해 허물어 없어지는 것에 익숙한 우리로써는 한 번 지어진 집이 다른 나라처럼 수 백년이상 남아 있게 된다면, 하나의 문화 유적이 되며 전통이 세워지고 경제적으로도 매번 새로 짓지 않아도 되어 국가적으로도 이익이 되는 것은 두말할 것 없다.
지금 우리가 살고 있는 이토록 많은 집들과 또 새로 짓게 되는 집들이 진정한 우리의 문화유산으로써 이 땅에 뿌리 내리고 우리시대의 고유성과 개성을 드러내며 그 가치가 존속되는 집이 되는 지극히 당연스런 일이 되기를 기대해 본다.

옆의 그림은 세계 어느곳이건 흔하게 널려있는 그 지역의 고유한 지방색을 드러내고있는 수많은 민가들이 이루고 있는 마을의 하나일 뿐인데 유별난 관심을 갖게된다.
독일과 룩셈부르그 사이를 흐르는 모젤강 계곡을 따라가며 이어지는 마을로 우리에게는 이처럼 자연스럽고 당연한 사실조차 부러움으로 신기하게 보이게 된다.

39

비가 들이치지 않는 창을 만들자

비 오는 날에도 창을 열고 지낼 수 있도록 비가 들이치지 않는 구조를 생각해야 한다. 지붕을 길게 뽑아 처마를 만들 수 있다면 좋겠지만 그렇게 할 수 없는 경우에는 창만을 위한 눈썹지붕을 다는 것도 한 방법이다. 긴 장마철 내내 창문을 닫고 지내야 한다면 자연에서의 생활이 고역이 될 수도 있다.

필자의 경험에 의하면, 앞에서 언급했듯 처마를 충분하게 길게 뽑아 집 주위를 회랑으로 처리하는 것이 가장 좋은 방법이라고 생각한다.

장마철에 방 안에만 갇혀 지낸다면 자연의 생활이 따분해 질 수도 있게 된다. (도면 5 참조)

40
천장을 설치하는 것은 어떨까?

주요 생활공간에 어두운 구석이 생길 경우 대낮에도 조명을 계속 켜 두어야 해서 부담일 수 있다. 이럴 때는 천장에 창을 설치하는 것도 생각해 볼만하다. 같은 면적의 크기라면 천장에 설치하는 창이 벽에 설치하는 창보다 서너 배 더 밝다는 사실을 감안해 천장은 작게 설치해도 된다. 기성품을 이용하면 비교적 쉽게 설치할 수 있다. 복도 끝이나 화장실에 천장을 사용하면 하늘을 올려다볼 수 있어서 계절이나 날씨 변화를 느낄 수 있고 달이나 별이 빛나는 밤하늘도 즐길 수 있고 빗소리도 들을 수 있게 된다. 다만, 열 손실을 최대한 줄이는 방법을 염두에 두어야 한다.

41

북쪽이나 서쪽에는 고정창이 좋다

상식적인 내용이지만 북쪽이나 서쪽에 창을 설치하는 것은 되도록 자제해야 한다. 채광이나 환기가 목적이라 해도 그 방향의 창들은 작을수록 좋다. 단, 북쪽의 창은 하루 종일 빛의 밝기에 큰 변화가 없고 균일한 편이어서 서재 같은 용도에 좋다고 알려져 있다. 이런 경우 채광이 주목적이라면 열리지 않는 고정창이 좋다.

서쪽 방향에 열리는 창의 설치를 피해야 하는 이유는 따로 있다. 파리 같은 해충들은 스스로 체온을 올리지 못하기 때문에 여름에서 가을 오후 해가 질 때까지 따뜻한 열을 몸으로 받기 위해서 서쪽 벽이나 창의 따스한 곳에 모여든다. 뱀이라든가 파충류들이 낮에 달궈진 바위나 아스팔트에 올라앉아 있는 것과 같은 이유다. 따라서 서쪽 창을 열어둔다는 것은 집 안에 온갖 해충을 불러들이는 것과 마찬가지다.

단열 처리가 충실했다면 높은 천장고는 권장할 만하다. 면적이 작고 폐쇄적인 내부공간의 볼륨을 키우는 효과가 있어서 쾌적한 곳이 될 수 있고, 집안에 보다 많은 공기를 담을 수 있다. 높고 어두운 긴 복도에는 천장에 천창을 설치하여 하늘의 빛이 들어오도록 한다. 작업대를 식탁과 마주보도록 하게 되면 부엌일에만 갇혀 있지 않고 식당과 거실의 모든 것들과, 그리고 창밖의 자연에까지 넓게 눈길을 줄 수 있게 된다.

자연 속 생활에 좋은 점만 있는 것은 아니다. 힘든 점 중 하나가 바로 습기다. 지역에 따라 차이가 있지만 특별히 물가나 저수지 근처가 아니어도 주위에 풀숲이나 논이 있다면 습기의 공급처라고 보면 된다. 때에 따라 마치 집이 물속에 있는 느낌이 들 수도 있다.

처음부터 대책을 철저히 세우지 않으면 장마철에는 곰팡이와 함께 살아갈 수밖에 없는데 일반 가구와 가죽제품, 의류와 주방 식기장 내부는 물론이고 이부자리까지 눅눅해지고 건강에도 치명적 영향을 준다. 빨래가 쉽게 마르지 않는 불편도 무시할 수 없고 습기로 인한 문제는 땅에 돌이 많은 지역보다 흙이 많은 지역이 더 심하다.

습기만 가지고 이야기 한다면 가능하면 집이 높게 자리 잡도록 하는것

습기 문제에는
철저히 대비해야 한다

이 좋다. 눈에 잘 보이지 않지만 지표면 바닥부터 어느 정도의 높이까지는 물이 낮게 깔려 있다고 생각하면 된다. 그렇기 때문에 습기에서 벗어나기 위해서는 물 위로 올라가는 것, 즉 아래쪽보다는 위쪽이 낫다고 보는것이다.

가장 낮은 곳인 지하실은 습기가 모이는 곳이고, 공기 흐름이 적은 신발장 같은 가구 속은 곰팡이의 서식처가 되기 쉽고 각종 세균까지 번식하기 좋은 조건이 된다.

세계적 장수마을로 잘 알려진 파키스탄 오지의 훈자마을이나 불가리아의 여러곳이나 또 장수마을이라는 국내의 제주도 지역이나 지리산 자락의 구례 등도 습기가 거의 없는 곳이라는 점은 우연이 아닐듯 싶다.

42
제습기를 적극 활용하자

바닥에 높낮이가 있을 경우에는 습기는 낮은 쪽으로 몰린다. 이때 가능하면 자연적인 순환으로 습기가 흘러나가도록 하는 것이 바람직하다. 하지만 구조가 여의치 않을 경우 제습기를 사용해야 한다. 습기에 취약한 침실같은 시설을 높은 곳에 배치하고 낮은 쪽으로 습기가 모이게 한 후 그곳에 제습기를 설치하는 것이 바람직하다.

사실 제습기야말로 문명의 이기라는 찬사가 아깝지 않을 정도로 자연 속에서 살아가는 데 필수품이다. 지금 새로 집을 짓는다면 가장 낮은 바닥에 제습기를 설치하고 제습기에서 물을 빼는 배수구를 아예 바닥에 묻는 것이 좋다. 그래야 배수통을 수시로 비워야 하는 번거로움에서 해방된다. 여기에 전기 작업도 병행해야 한다. 또 제습기가 작동할 때의 소음을 고려하여 제습기는 조용한 곳에서 멀리 떨어진 위치에 설치해야 한다.

43
가능한한 지하실 설치는 피하자

특별한 용도가 없는 지하실은 가능한한 만들지 않도록 하자. 공사비도 만만치 않을뿐더러 습기에 대한 대책을 세운다 하더라도 방수 문제가 발생할 수 있기 때문이다. 공사하는 여건상, 또는 경사지에서 기초파기를 할 때 어쩔 수 없이 지하실이 생기는 경우도 있다.

지하실의 장점으로는 기온의 변화가 적다는 점을 들 수 있다. 따라서 많은 주의를 기울인다면 좋은 공간을 만들 수 있기는 하다. 하지만 땅 밑에 물이 많은 곳일 경우 완벽한 방수 공사에 자신이 서지 않는다면 지하실은 포기하는 게 최선이다. 어쩔 수 없이 지하실이 만들어지고 물이 샐 경우 아예 벽 주위에 도랑을 만들어 흐르게 한 다음 한곳으로 모아서 기계로 퍼 올리거나, 바닥을 이중으로 하여 그 밑으로 흐르는 물을 모으면 된다.

구조상 지하실이 생길 수 밖에 없다면 되도록이면 사방이 막힌 방으로 만들지 말고 적어도 한 벽면은 개방시켜 외부 공간으로 노출 시키도록 해야 할 것이다.

44
누수보다 결로가 문제다

지하층 방수가 잘 되어 있어도 여름철에 벽이 젖는 경우를 볼 수 있다. 심할 때는 곰팡이가 생기고 썩기도 한다. 이것을 결로 현상이라고 하는데, 외부에서 유입된 덥고 습한 공기가 차가운 지하실 벽과 만나 물방울이 맺히는 현상을 말한다.

결로 현상을 막기 위해서는 외부의 고온다습한 공기가 들어오지 못하도록 전실을 두어 두세 겹으로 차단해 주어야 한다. 그런데 이때 유의할 점이 하나 있다. 습기가 많은 지하실도 상관 없다면 다행이지만 결로 방지를 위해 차가운 지하실 벽에 단열처리를 한다면 이 경우 지하 땅 속의 온도를 차단하게 되어 구태어 지하실을 만들어서 자연의 온도를 이용하려 했던 목적이 없어지게 된다.

지하실의 가장 중요한 장점이 사라지는 것이다. 기왕에 만들었다면 그보다는 역시 제습기를 설치하는 것이 좋다. 이때 지하실 바닥의 높이가 바깥 지면보다 낮으면 고정적으로 배수구를 설치할 수 없다. 따라서 수시로 물통을 비워야 하는 번거로움 있기 마련이다.

45
적당한 습도가 약이 되는 경우도 있다

집 안의 습기가 모두 해로운 것은 아니다. 지하실 같은 데 보관하는 과일 엑기스라든가 약초술이나 와인 저장고 같은 것들은 습도가 60~70퍼센트 정도 유지되어야만 저장물이 줄어드는 자체의 증발을 막을 수 있다.

이왕 지하실이 만들어진다면 습기가 필요한 곳과 필요 없는 곳을 구분해서 창고를 관리해야 한다. 문을 열고 들락거릴 때마다 습기가 들고난다는 사실도 명심하고 특수한 저장고 용도 외에는 지하실에서 습기를 제거해 곰팡이가 없는 청결한 곳으로 유지 해야하는 세심한 주의력이 요구된다.

이러한 까다로운 절차가 부담이 된다면 처음부터 지하실을 포기하고 지상에다 냉장창고를 짓는것이 여러가지를 고려할 때 훨씬 유리한 수단이 될 수 있다는 것도 참고하기 바란다.

대부분의 사람들은 건축 재료를 선택할 때 어려움을 겪는다. 먼저 건축 재료의 종류가 그만큼 다양하기 때문이다. 또 집짓는 일이 평생 한 번 있는 기회라고 생각하여 인상적인 기억을 최대한 설계에 반영하려는 욕심 때문이기도 하다. 그러나 이러한 것은 집짓기에 대한 이해 부족에서 오는 경우가 많다. 모든 건축 재료에는 장단점이 있지만, 우리가 그것을 다 알고 있다고 해서 마음대로 선택할 수 있는 것은 아니기 때문이다.
오히려 장소와 환경에 따라 재료가 거의 결정된다고 할 수 있다. 게다가 설계 건축 평면도만으로도 재료나 공법은 이미 정해진 것이나 다름없다는 점이다. 반듯하고 정교한 현대적인 집을 원한다면 아무래도 건식공법인 목조나 철골을 사용한 주택이 제격이고, 무게 있고 중후해 보이는 디자인은 습식공법인 조적이나 콘크리트가 자연스럽다. 인간미 있고 부드러운 느낌의 집은 곡선의 표현이 가능한 재료를 선택해야 된다. 또한

건축 재료를 결정하는 것은 장소와 환경이다

이미 주거지가 형성된 곳에서는 기존의 주변 주택과 어울리는 재료를 선택하는 것이 좋다. 장소와 환경을 이해하고 분석하고나면 재료 선택이 그리 어려운일이 아니다. 재료 선택에 관심이 많은 것은 어쩔 수 없을지라도 지나치게 이국적 풍경을 만드는 통나무집 같은 것은 생뚱맞다고 할 수밖에 없다.

큰 도시를 벗어나 자연 속에 집을 지으면 건축자재 구입 측면에서는 열악한 환경에 놓인다. 모든 자재에는 수명이 있어서, 오랜 기간 팔리지 않고 야적장에 방치된 재고품은 피해야 한다. 규격 미달의 제품은 더 조심해야 한다. 평소에 관심을 가지고 장보기를 하듯이 여러 곳을 비교하여 정보를 얻어야 한다. 특히 도기 제품이나 타일류는 대도시에 나가서 구입하도록 하고 또 손잡이 등 금구류나 조명기구도 유통이 잘 되고 있는 도시의 매장에서 구입하는 것이 안전하다.

46
습기를 배출할 때는 공기가 공급 되어야

습기는 자연에서 집 안으로 유입되는 것이 대부분이지만 생활 속에서 만들어지기도 한다. 욕실의 샤워 시설과 주방의 싱크대 등은 물을 쓰는 대표적인 시설로 습기를 발생시킨다. 또 빨래를 건조할 때도 습기가 나온다. 환풍기를 이용하여 강제 배기할 경우 배출구로 해충이 들어오지 못하게 해야 하는데 서쪽이라면 특히 조심해야 한다. 또 공기를 내보내는 배기와 급기가 균형을 이뤄야 한다.

요리할 때도 마찬가지로 공기를 내보내려고만 한다면 별 효과가 없다. 환기의 의미는 공기의 교환이기 때문에 새 공기가 들어와야 냄새가 나간다. 요즘처럼 밖의 대기가 나쁠때는 환기를 위해 창문을 열거나 열교환기를 작동 시키는 것이 부담이 가기도 한다. 결국 배기나 환기 모두 자제 할 도리 밖에 없게 되는데, 가급적 냄새나는 요리를 피하거나 실내 산소가 부족되지 않도록 가스 태우는 일이 없도록 해야 할 것이다. 일기 예보는 늘 관심 갖도록 하고 가끔 좋은 날씨에 맞춰 번거롭더라도 한번에 다 충족 시켜야 하는 지혜가 필요하다. 또 공기청정기를 사용하고 산소 공급을 늘리기 위해 실내에 온실을 만들거나 식물을 재배하는 것도 권장 할 만하다.

47
각각의 건축 자재에는 고유의 온도가 있다

건축에서 사용하는 모든 자재들은 재료 자체에 고유의 온도가 있다. 금속과 유리는 보통의 환경에서 찬 성질을 띤다. 특히 겨울철에 금속과 유리는 너무나 차갑기 때문에 단열과 보온의 측면에서 다루기 쉽지 않은 재료들이다. 콘크리트도 마찬가지다. 밀도가 치밀한 재료일수록 열전도율이 높기도 하지만 자체 온도가 문제가 된다. 따라서 이러한 자재들이 실내에 그대로 노출되는 일은 가급적 피해야 하고 때로는 어쩔 수 없이 실내에 드러날 수밖에 없는 경우가 있게 된다면 대책을 세워야 한다.

이를 극복하기 위해 목재나 섬유처럼 온도 변화가 거의 없는 재료를 함께 사용하면 좋다. 가장 손쉬운 방법은 커튼을 설치하는 것이다.

보온성이 좋은 섬유 제품을 사용하면 빛의 투과도 막을 수 있고 에너지 절약 차원에서도 아주 유용하다. 한걸음 더 나아가 창이 없는 벽이라도 벽 전체에 커튼을 두르면 단열과 흡음뿐 아니라 분위기 연출에도 탁월한 효과를 볼 수 있다. 블라인드 커튼이나 루바 등은 시야나 빛을 차단해 줄 뿐 단열 효과는 크게 기대할 수 없다.

48
흙집이 지닌 장점과 한계

흙은 건축 재료로 많은 장점이 있음에도 불구하고 내구성 때문에 비가 많은 우리의 현대 건축에서의 사용은 추천이 주저된다.

세계 각지에 흙으로 집을 짓는 경우가 많고 지금도 그에 대한 연구가 진행되고 있는 것은 사실이지만, 대개 그 지역 환경에 따른 산물로 이해해야 한다. 흙집을 흙집답게 짓기 위해서는, 다시 말해 친환경적이고 인체에 유익한 재료라는 장점을 살리고 내구성이 약한 단점을 보완하기 위해서는 높은 수준의 전문 지식이 요구된다.

예를 들면 취약한 지반으로 벽이 갈라지지 않도록 바닥 기초는 콘크리트로 한다든지, 벽을 다 올리고 지붕을 얹기 전에 콘크리트 보를 둘러얹어 지붕의 무게가 벽으로 고르게 전달되도록 하는 현대 공법과 병행을 할 수 있어야 한다.

흙집의 공법에는 여러 가지가 있지만 전문가들은 거푸집을 사용하는 담틀 흙다짐 공법을 권장한다. 벽 두께를 60센티미터로 하기 때문에 튼튼하고 단열 효과도 크다. 그렇더라도 창이나 문 등의 부위와 흙이 접합하는 부분에서는 흙의 수축으로 틈이 생기기 마련이어서 섬세함이 필요한 작업에는 어려움이 따른다. 한마디 덧붙이자면, 흙집은 허물어지면 다시 흙으로 돌아가는 친환경 재료로서의 장점을 꼽기도 하지만 자연으로 돌아가기 위해 흙집을 지을 수는 없는 일이고, 또 자연으로 환원되는 재료는 구태여 흙이 아니더라도 나무나 돌 등 얼마든지 있을 수 있다. 좀 다른 이야기 이지만 돌에 대해 관심 갖기를 바라는 것은 우리나라는 대부분의 지역에 흔하게 널려 있는 것이 돌과 바위인데, 그것을 조적조의 구조재로 주택에 널리 쓰지 못하는 것이 아쉽다.

참고로 아프리카나 중근동 지방에서 많이 볼 수 있는 흙집들은 대개 쇠똥을 흙과 섞어서 사용하고 있는데, 이렇게 하면 흙의 점성이 높아져서 단단해지는 데다가 해충으로 부터도 보호받기 때문이다.
주위가 모두 사막인 예멘의 중부지방인 시밤이라는 곳은 마치 현대 도시의 빌딩인듯 흙으로 된 건물들이 좁은 오아시스에 모여서 건물군이 되어 장관을 이루고 있다.

규모있게 2층으로 크게 지은 흙집이다.
두꺼운 벽을 갖는 흙집의 특성을 잘 보여준다. 앞에서 설명했듯 집의 안과 밖이 흙이라는 한가지 재료로 되어 있어서 부담없이 편한 느낌을 받게 된다. 또 흙집은 큰 개부구나 창을 여기저기 낸다는것은 구조상 불리하기 때문에 실내는 어두울 수 밖에 없다. 이러한 어두움이 한층 심리적인 안정감을 만들어 내기도 한다.

49
폐자재를 건축자재로 재활용하는 것은 삼가자

도시에서와는 달리 지방에서 집을 짓다 보면 폐자재나 낡은 자재, 또는 골동품 같은 잘만 이용하면 쓸만해 보이는 것들이 자주 눈에 띄고 관심도 가게 된다. 결론부터 말하면 이를 새집 짓는데에 사용하는 것은 좋은 방법이 아니다. 더구나 태생이 건축자재가 아닌 것을 건축자재로 쓰는 일은 없어야 한다. 환경보호라든가 물자 절약, 재활용 차원에서 유용한 듯하지만, 시간이 지나면 내구성도 떨어지고 보수 비용도 문제가 된다. 거기다 규격까지 제각각이면 결과가 조잡해진다. 오래된 한옥 문짝이나 맷돌 같은 물건을 사용할 경우 장식에서 그쳐야지 제대로 된 건축자재로 써서는 안 된다. 특히 포장용 목재들은 방부제 덩어리여서 집 근처에 두는 것도 안 좋다. 태우면 파란 불꽃의 비소 같은 치명적 독극물이 나오기 때문에 땔감으로도 쓸 수 없다. 실내 바닥을 청소할 때 젖은 톱밥을 깐 다음 쓸어내면 먼지를 없애는 데 좋아 준공 청소에 흔히 사용하지만, 목재소에서 얻어오는 톱밥도 방부제로 처리가 된것이 대부분이기 때문에 가능하면 사용하지 말아야 한다.

건축자재로 쓰는 값싼 목재들 중 자연 건조 상태가 아닌 것은 거의 약물에 의해 방부 처리한 것으로 보면 된다. 결국 모르면 원칙대로 해야 한다는 것이다. 집 짓기에 초보자가 구사해야 할 요령은 없다고 보아야 한다.

50
검증되지 않은 것은 피하는 것이 좋다

특별한 취미가 드러나는 과장된 형태를 경계해야 한다. 특히 건축가의 손을 빌리지 않고 스스로 지을 경우에는 더욱 조심해야 한다. 나무토막을 흙벽 속에 박아가며 지은 집이라든가 지붕 위에 도자기 파편을 얹은 집의 경우, 디자인으로서 완성도도 떨어지고 건축 자체로서의 아무 의미가 없다. 건축은 건축다워야 한다. 통나무를 전문 기술 없이 그대로 벽 재료로 쓰게 되면 변형으로 단열도 문제이지만 습기에 약해 썩어들어 간다. 더구나 통나무를 황토벽과 함께 사용한다면 성질이 다른 이질재의 결합으로 치명적인 결함이 드러나게 된다.

특히 외국에서 본 어떤것들을 흉내 내는 일은 가능하지도 않을 뿐더러 어설픈 취미를 드러내 보일 뿐이다. 새로 집을 짓는 좋은 기회를 자신의 낮은 안목을 두고두고 보여주는 기회로 전락시킨다는 것은 서글픈 일이다.

남달리 기발한 아이디어에 대한 유혹을 떨치도록 해야한다. 스스로 자기자신을 돌아보고 디자이너로서, 건축가의 자질이 없다고 인정된다면, 눈에 띄지 않는, 드러나지 않는 겸손한 형태를 취하도록 하고, 낯선 재료나 공법을 사용하는것은 경계하는것이 좋은 태도가 된다.

51

건축공사의 수준은 청소가 결정한다

아주 중요한 일인데도 정작 소홀하기 쉬운 청소에 관한 이야기를 하며 이 장을 마무리하려 한다. 집을 다 짓고 나면 그때에 가서야 소위 준공청소를 한다. 이때 비로소 집의 완성된 제모습이 드러난다. 드물지만 공사 초기부터 청소를 중요시하는 시공자라든가 혹은 주인이 별도의 사람을 고용하여 직접 챙기며 공사 도중에 수시로 청소하는 현장도 보곤 한다. 쓸 물건과 버릴 것을 구분하면서 말이다. 이처럼 그다지 중요해 보이지 않는 사소한 행동이 나중 결과에 커다란 영향을 미친다는 사실을 아는 것만으로도 좋은 집을 짓는 데 큰 보탬이 된다. 그 이유는 다음과 같다.

첫째, 공사의 초기부터 바닥이 먼지 없이 깨끗하면 집의 윤곽이 잘 드러나고 이로써 정확한 시공이 가능하다. 설계나 시공 상의 결점도 미리 발견할 수 있다.

둘째, 어지럽던 현장이 안전한 곳이 된다. 무언가가 발에 걸리거나 날카로운 것을 밟지 않고, 용접 불티가 먼지에 옮겨 붙지 않는 등 안전사고가 줄어든다.

셋째, 깨끗해진 환경으로 공사 진행 속도를 쉽게 확인할 수 있고 공사 기간 단축도 가능해 지고, 작업자의 마음가짐도 달라진다.

넷째, 쓰레기 속에 묻혀 있던 자재들을 잘 정리하면 버려지듯 묻혀있거나 나뒹구는 것들 가운데 사용이 가능한 것들이 드러나게 되기도 한다. 쓰레기가 되어 현장 밖으로 버려지는 것은 모두 돈을 들여 샀던 자재다. 이렇게 돈이 버려지는 것도 손해지만, 그것을 쓰레기로 만든 과정의 인

건비도 손해고, 갖다 버리는 운반비도 손해다. 그러니까 많이 버려져 나갈수록 그만큼의 돈이 나가는 것임을 알고 쓰레기 발생을 줄이도록 해야 한다. 외부에서 가공하여 완제품으로 들여오는 것이 많다면 그만큼 경제성은 높게 된다. 이러한 것들이 규격품에 맞춰 설계를 권장하는 이유다.

다섯째, 기초공사와 같은 시기에 외부 마당공사도 미리 완성해두면 궂은 날 질퍽거리지 않고 실내에 흙이 들어오지 않게 된다. 청소가 잘 된 깨끗한 마당에서는 외부에서의 정확한 자재 가공이나 관리도 수월해진다.

여섯째, 잘 정돈된 밝은 현장에서는 작업자의 마음가짐이 달라질 수 있다. 흡연이나 방뇨 등 무심히 벌어지는 일들로 인한 화재 사고, 혹은 악취, 보수 공사 등을 방지할 수 있다.

일곱째, 순서상 먼저 완성된 것들이 뒤에 이어지는 공사로 인해 부득이하게 손상을 입는 경우가 많다. 이를 방지하기 위해 특히 문틀이나 벽 모서리 같은 곳에 보양작업을 하는데 이것은 어디까지나 임시용이기 때문에 유지 관리가 문제가 되는데, 조심하지 않다보면 돈과 노력이 더 들어가게 되지만 이런일을 당연시하는 대강대강의 경향이 있다. 특히 우리네 주택건축현장은 청소가 잘 되어 있지 못하고 더럽고 지저분해도 된다는 것이 관습처럼 되어 있다.

제대로 된 집을 짓고 싶다면 이처럼 사소한 것을 잘 관리하며 실수를 줄여 나가는 것이 중요하다는 것을 강조하는 것은 그 만큼 우리 사회에 프로기질이 있는 자기 일에 긍지를 갖고 있는 장인들이 드물기 때문이다. 대부분 경험이 부족하고 무책임한 아마추어로 보면 된다.

나에게 딱 맞는
집 한채

현대 건축에서는 당연한 것인데 우리 전통 주거에는 없었던 공간들이 있다. 그중에 하나가 바로 현관이다. 우리뿐 아니라 외국에서도 사실 큰 저택을 제외하면 현관이 아예 없거나 있더라도 과소평가되어 있다. 현관이란 밖에서의 공적 공간이 안에서의 사적 공간으로 바뀌는 지점이다. 사실 현관은 대단히 중요한 공간이다. 지금부터 조금만 관심을 기울이면 그동안 우리가 현관의 기능을 경시함으로써 얼마나 많은 것을 잃고 살았는지 알게 될 것이다.

공적 공간이 사적 공간으로 바뀌는 장소, 현관

현관을 특별하게 강조하는 이유는, 서양은 물론이고 신을 벗고 사는 동양 문화권에서 조차 중요성을 인식하고 있지 못하기 때문이다. 오늘부터라도 우리의 건축문화를 새로 시작한다는 견지에서, 한발 앞서서 진지하게 검토하길 바라는 필자의 제안으로 이해해 주기 바란다. 아직 남들이 관심 없을 이때에 우리가 일상화 하는 멋진 현관이 우리만의 특징으로 자리 잡아 가기를 바라는 것이다. 이 책에 수록한 도면 곳곳에 현관에 대한 생각을 담았으니 참고하면 도움이 될 것이다.

52

집의 입구 처리 방식은 집의 성격을 결정한다

건물의 첫인상은 집의 입구에서 결정된다. 여기에서 입구라고 일컷는 것은 현관에 들어서기 전에 있는 현관 앞의 외부공간을 말한다. 구조적으로는 현관 바깥에 지붕이나 처마가 있는 곳이고, 기능적으로는 눈이나 비가 현관문을 젖게 하지 못하도록 보호하는 곳이며, 시간적으로는 출입하기 전에 잠시 머무는 공간이다. 집의 입구는 첫인상과 관계가 있는 만큼 현관까지의 진입 방법을 고려해 디자인에서도 세심한 노력이 필요한 곳이다. 하지만 우리 현실에서는 입구가 아예 생략되거나 무시되고 있다.

입구 처리의 중요성에 대한 인식 부족은 마치 첫 단추를 잘못 꿴 것처럼 집 전체의 격을 떨어뜨린다. 요즘같이 별도의 대문을 갖추지 않은 자연 속의 집에서는 입구 처리만으로도 대문의 역할을 할 수 있다. 또한 입구 디자인은 집의 개성이 되는 동시에 그 집에 사는 이의 개성이 되기도 한다.

이 책에 소개되고 있는 주택들의 도면을 보면서 ①번으로 표기된 입구에 대하여도 관심을 갖고 들여다 보기를 권한다.

(187페이지 도면 19 참조)

53
현관, 외부 오염을 막아주는 관문

현관에서 빼놓을 수 없는 것은 손을 씻는 위생 시설이다. 우리가 밖에서 손으로 만진 모든 것들은 오염원으로 간주해야 하며 심지어 손에 농약이 잔류해 있을 수도 있다. 현관에서 바로 손을 씻는 것만으로도 실내 생활의 위생 관리가 수월해진다. 현관에 손을 씻는 별도의 시설을 두기 어렵다면 화장실을 현관 가까이 두는 것도 좋은 방법이다.

잘 알려진 미국 건축가 프랭크 로이드 라이트의 '낙수장'이란 집에도 현관문 밖 바로 옆에 항상 물이 흐르도록 하고 있다. 그리고 이슬람 문화권에서 흔하게 볼 수 있는 분수들도 같은 의도임을 참고하자.

현관에 구비해야 할 또 하나의 시설은 탈의실이다. 미세먼지 등으로 오염된 옷을 벗고 실내복으로 갈아입어야 한다. 가능하면 현관에는 환기 시설도 갖추도록 하자.

현관 바닥의 청소는 가능하면 왁스에 젖은 대걸레를 사용하길 권한다. 현관은 물론 밖까지 기름걸레로 닦게 되면 쥐라든지 기어다니는 작은 벌레 등 해로운 것들의 접근을 막아주기도 한다.

좁은 입구①를 통과하면 마당②이 나오고 뒤로 돌아서야 현관③이 보이고 그 건너편에는 다용도실 ⑫문이 있다. 이 마당은 작은 정원이 되어 집의 중심 시설이 될 만큼 집 전체를 대표하는 개성을 만들어 내고 실내 복도⑧의 양쪽 창을 통해 남측의 정원과도 분위기가 연결되고 있다.
만약 이 마당②에 물을 채워 연못을 만든다면 복도⑧ 밑으로 물이 흘러서 남측의 정원⑭과 연결시켜 하나로 만드는 것도 좋은 방법이 된다. 또 남측의 정원은 온실로 사용될 수도 있다.

현관③을 지나 방향을 여러번 바꿔 거실⑨이나 식당까지 이르는 비교적 긴 동선으로 설계되어 있는데 그 도중에 갤러리 같은 복도⑧를 지나며 입구마당②과 밖의 정원⑭도 거치고 거실에 이르러 넓은 책꽂이장을 만나게 된다.

주방⑪은 남측을 향하고 있고 보조주방⑫을 통해 입구①로 연결되어 현관으로부터의 긴 거리를 단축시켜 주방의 서비스, 예를 들면 식자재 반입이나 쓰레기 반출 등을 직접 처리하게 된다.
내부복도⑧는 앞뒤로 유리벽이 있어서 앞마당②과 테라스를 연결하는 곳이 되기도 하지만 북쪽으로 난 입구마당②을 더 시원하게 즐길 수 있다.
그리고 또 하나 중요한 기능은 입구와 마당의 동정을 주방에서는 물론이고 집 안 어느 곳에서라도 살피기가 용이하다는 것이다.

① 입구
② 입구마당
③ 현관
④ 현관홀
⑤ 욕실
⑥ 침실
⑦ 갤러리
⑧ 복도
⑨ 거실
⑩ 식당
⑪ 주방
⑫ 다용도, 보조주방
⑬ 기계실
⑭ 정원 또는 온실

도면 19

벽에 고정 가구를 설치하여 책꽂이 겸 장식장을 만들었다. 이렇게 되면 방바닥에는 물건을 두지 않게 되 실내를 넓게 쓰이는 데 큰 도움이 되기도 하지만 정리된 물건들을 찾고 쓰기에도 편하게 된다. 때로는 유리문을 달 수도 있고, 기존의 벽에 설치된 창문들은 가구에 포함시켜 제작하면 벽과 가구가 일체감을 갖게 되며 인테리어 효과도 좋다.

54

현관의 방향

현관의 방향은 집 지을 땅의 환경을 파악한 후 정해야 한다. 그냥 상식적인 수준에서 안이하게 자리 하게 되면 여러가지 문제가 생길 수 있기 때문이다.

밖에서 안이 잘 들여다 볼수있게 노출되는 것도 피해야 되겠지만 바람이 불어 오는 방향을 파악 못해 꽃가루나 먼지가 쉽게 온 집안으로 들어온다든지 불빛이 새어나가 벌레 같은 해충이 들어오지 못하게 해야 한다. 때에 따라서는 문을 장시간 열어야 할 경우도 생기게되면 감당키 어려운 일이 생길 수 도 있게 된다.

현관 문 말고도 내부에 중문도 설치해야 하고 필요하면 방향을 바꾸는 것도 방법이 된다. 간단해 보이는 사소한 하나하나가 모여 안전한 나의 집이 되어지는 것이다.

55
현관 근처에 두어야 할 시설

현관에서 신을 벗어야 하는 우리의 주거생활은 건축설계에 큰 영향을 미친다. 신을 신었을 때와 벗었을 때를 구분하여 동작을 무리 없이 연결시켜야 하는 어려움이 있기 때문이다.

예를 들어 현관과 차고의 관계를 보자. 둘 다 신을 신고 다닌다는 점에서 차고를 현관의 연장으로 파악할 수 있다. 이런 기능을 잘 정리하지 못하면 차고에서 내린 짐을 들고 현관을 통해 신을 벗은 다음 거실이나 식당을 거쳐 주방으로 운반될 수도 있고, 반대로 주방이나 다용도실의 음식물 쓰레기가 거실을 지나 현관을 통해 신을 다시 신고 차고로 나올 수도 있다.

그러면 우리는 현관을 지날 때마다 신을 벗고 신고 하는 필요 없는 동작을 되풀이해야 만 하는 번거로움 속에서 계속 살아가야 한다.

가능하면 식자재나 음식물 쓰레기들은 거실이나 현관을 통과 하지 않도록 하는 것이 좋다. 더구나 거실에 손님이 있는 경우는 결코 좋은 일이 못된다.

56
현관 기능의 확대

창고의 위치와 크기는 현관이나 차고와 밀접한 관계가 있다.

밖에서 들고 온 짐을 실내의 제자리로 보내기 전에 일단 현관에서 분류하여 포장을 뜯고 임시 보관해야 할 때도 있다. 따라서 그에 필요한 도구나 공구를 구비할 장소가 마련되어야 한다.

또한 현관에는 기본으로 신발장을 설치해야 하고 실내로 들이기 불편한 것들, 즉 우산이나 운동기구 등을 보관할 수 있도록 현관 면적을 충분히 확보 해야겠지만, 현관을 부엌과 직접 연결하여 다른 공간을 거치지 않고 식자재 등을 운반할 수 있게 하는 것도 고려해 볼 만하다.

식품의 일차 보관을 위해 현관에 별도의 냉장고까지 갖춘다면 정말 편리한 공간이 될 것이다.

57

현관과 차고, 그리고 창고와의 관계

자동차를 중심으로 현관과 차고의 관계를 생각해 보자.
인구 밀도가 적은 자연에 자리잡고 도시에서 떨어져 나와 살다 보면 상업시설로 부터 거리가 멀어 쇼핑할 기회를 자주 가질 수 없게 된다. 따라서 모처럼의 쇼핑기회에 한 번에 많은 양의 생필품을 사오게 된다. 이러한 이유로 다소 큰 저장 장소로서 창고나 냉장고가 필요하고 이때 구입한 물건들은 차고에서 현관을 거쳐 집 안으로 옮겨지게 된다. 따라서 창고의 위치는 현관이나 차고와 불가분의 관계를 갖게 되는데 그 물건들을 주로 소비하게 될 주방과의 연결은 아주 중요할 수 밖에 없다.
농작물까지 보관할 계획이면 냉장 설비까지 갖춘 창고가 필요하다. 또 도시에서는 쓰레기로 내버리곤 하는 포장지나 빈 유리병도 잘 모아두면 요긴하게 쓸 데가 생긴다. 물론 버려야 할 쓰레기도 있기 마련이어서 그 처리도 고려해야 한다. 어쨌든 차고와 저장 창고는 떼려야 뗄 수 없는 관계라 할 수 있겠다.
창고도 세분화하는 것이 좋다. 현관에 둘 것과 차고 부근에 둘 것, 또는 당장 쓸 물품과 장기 보관품을 구분해 각각의 창고에 보관해야 한다. 잘 정리되지 않으면 자연에서의 생활은 효율성이 떨어지며, 즐거운 곳이 아니라 고단한 곳이 되어 버리고 만다.

도면 20

집의 중앙에는 중정⑩과 갤러리⑤가 있어서 중심시설이 되고 있다. 실내의 북쪽 벽은 모두 수납장으로 되어 있어서 단열 효과도 좋으며 살림살이가 유난히 많은 우리에게는 반가운 집이다.
입구홀②에 들어서면 차고⑯와 현관③이 양쪽에 있고, 정면으로 넓은 테라스⑮가 있는 남쪽 골목을 통해 시야가 트인다. 이 주방테라스⑭는 지붕만 있고 남과 북으로 벽이 없어서 바람이 통하는 공간이며, 부엌과 통하는 문이 있어 쓰임이 많다. 주방⑥은 다용도실⑦을 거쳐 현관②으로 왕래가 가능한 동선을 구성하고 있다.

중정은 집 안 곳곳을 밝게 하는 역할은 물론 주위의 갤러리와 함께 볼거리를 제공하고 계절에 따른 즐거움을 줄 수 있는 곳이다. 유리 지붕을 씌워 온실로 사용할 수 있지만 더운 여름날엔 환기구를 설치하여 통풍을 염두에 두어야 한다. 유리벽은 모두 개방할 수 있는 접이식 문 같은 구조로 만들면 다 열어젖혀 넓은 거실로 사용할 수도 있다. 여름철엔 화분을 가꾸든가 조각 정원을 만들고, 겨울철엔 작은 분수나 못을 만들어 실내 습기 유지에 도움을 줄 수도 있어 중정을 가꾸고 묘미를 살려내는 것은 삶의 질을 높이는 방편의 하나다.

① 입구
② 입구홀
③ 현관
④ 복도
⑤ 갤러리
⑥ 주방
⑦ 보조주방, 다용도실
⑧ 식당
⑨ 거실
⑩ 중정
⑪ 침실
⑫ 탈의실
⑬ 화장실
⑭ 주방테라스
⑮ 테라스
⑯ 차고

정원은 항상 꽃이 있고 물이 흐르고 나무가 있도록 가꾸는 것만은 아니다. 유지 관리가 쉽도록 간결한 방식은 얼마든지 있다. 조각 작품이나 잘 생긴 돌덩이, 가구라든지 화분 하나만으로도 좋은 공간이 될 수 있다.

① 입구마당   ⑨ 다용도실
② 현관   ⑩ 탈의실
③ 현관홀   ⑪ 화장대
④ 화장실   ⑫ 욕실
⑤ 식당   ⑬ 주침실
⑥ 거실   ⑭ 침실
⑦ 주방   ⑮ 테라스
⑧ 보조주방

이 집에서 처음 맞는 인상은 입구처리의 독특한 구조에서 시작된다. 외부에서 파들어간 듯 작은 마당 ①이 있고 그 마당에 현관②이 돌아선 듯 자리하고 있다.
주방⑦은 이 집의 중심시설인데 이곳에서는 밖의 입구마당①과 현관②, 다용도실⑨ 등을 살필 수 있고, 또 내부의 모든 시설들도 오픈된 주방의 관리 하에 있게 된다.
서측의 테라스는 서측으로 벽을 두르고 있어서 3면이 막히고 남쪽으로만 개방되어 있다. 이 테라스는 집 안의 식당⑤이나 거실⑥에서는 밖으로 연결된 듯 실내공간 분위기를 만들어주고 있고, 거실은 좌우 테라스의 가운데 놓은 셈이 된다.

도면 21

차고⑩는 현관②과 연결되어 있고 또 한편으로는 다용도실⑨을 통해 주방⑦과 이어지고 있다. 더 나아가 주방의 옥외 작업장⑱까지 연결되고 있음을 보여주고 있다. 현관으로 들어서면 거실⑫에 이르기 전에 응접실⑪ 코너가 있고 이곳은 주방에서의 서비스를 쉽게 받을수도 있으며 남측 전면에 온실⑯이 있기 때문에 이 집에서 가장 좋은 곳을 차지하고 있는 셈이다. 주방⑦과 거실⑫ 사이의 주방 작업대는 홈바의 기능을 갖는 음료만을 전용으로 서브하는 용도로 쓰인다. 응접실⑪은 평소에는 작업장이나 독서실로 사용하여 사용 빈도를 높일 수 있다.

① 입구　　　　⑩ 차고
② 현관　　　　⑪ 응접실
③ 현관홀　　　⑫ 거실
④ 화장실　　　⑬ 탈의실
⑤ 침실　　　　⑭ 욕실
⑥ 식당　　　　⑮ 주침실
⑦ 주방　　　　⑯ 온실
⑧ 보조주방　　⑰ 테라스
⑨ 다용도실　　⑱ 서비스공간

집 지을 때 만들어놓은 테라스나 온실은 으레 비어 있기 일쑤다. 지을 때는 자연을 즐기는 생활의 중요한 곳이며 구색 갖추기로도 필수 시설인 듯해서 언젠가는 쓰임새 있을 테지만 그늘 없는 한낮엔 더운데다 비바람이나 곤충들로부터 보호되지 못한 시설 일 수 있다. 그림처럼 채광을 조절할 수 있고 해충이나 비바람 피할 수 있는 시설로의 전환을 생각해 볼 수 있겠다.

58

경사지에 집을 지을 경우
층이 다른 2개의 현관을 만들 수 있다

경사지에 집을 지을 경우 집을 조금 들어 올리면 뒤쪽으로 흙에 묻힌 지하실이 생겨난다. 이때 차고가 있는 지하층에 입구를 두면, 신을 신은 채 계단을 올라가 위층의 현관으로 올라갈 수 있다. 위층의 입장에서 보면 현관이 두 군데로 나뉘게 되는 셈이다. 자동차가 있는 아래층 현관과 보통 때 출입하는 위층 현관이다. (도면 23 참조)

두 곳 가운데 어디를 많이 이용하느냐에 따라 각각의 현관 규모가 결정된다. 그에 따라 정리 창고의 규모도, 경우에 따라서는 화장실이나 작업실을 어디에 설치할지도 정할 수 있다. 차고로 인해서 생활 풍속도가 바뀌는 것이다.

경사지에 자리 잡은 집은 입구를 두 군데로 할 수 있다. 아래층 입구는 주차장이나 창고, 기계실로 통하고 위층 입구는 주거시설로 통한다. 위아래 층의 연결은 내부에 계단을 설치해도 되지만, 밖에 완만한 경사로를 만들어 휠체어 이용도 가능하도록 편하게 만들 수 있다. 경사지를 그대로 이용하는 설계로 발전시켜 특히 산이 많은 우리에게는 당연한 형태의 주거 스타일로 자리 잡을 좋은 조건을 갖고 있는 셈이다.

도면 21을 응용하여 지하층을 둔 주택이다. 경사지에 맞게 지은 집이어서 지하층 일부만 땅속에 묻혀 반지하층이라 불릴 만 하다.
이런 집은 현관을 각 층마다 둘 수 있는데, 아래층은 차고⑮ 옆에 위층으로 올라가는 현관⑯이 있고 그곳에서 신을 신은 채로 계단을 통해 위층 현관에 이르도록 되어 있다.

창고가 더 필요할 경우에는 위층의 기초를 만들기 위해서 파내려 갔던 땅이어서 쉽게 면적을 확보할 수도 있다⑱. 위층 입구①는 음푹 들어가 마당을 만들고 그곳에서 현관과 다용도실로 길이 나뉜다. 주방⑦은 입구①를 마주하고 있어 돌아서면 남측의 온실을 향하게 된다.
또한 주방에서는 현관②을 거치지 않고 보조 주방⑧을 통해 입구①로 출입할 수 있다. 온실⑭은 거실⑥과 주방⑦ 그리고 주침실⑫의 세 방향에 좋은 볼거리와 환경을 제공한다.

① 입구 마당
② 현관
③ 현관홀
④ 욕실
⑤ 식당
⑥ 거실
⑦ 주방
⑧ 보조 주방
⑨ 다용도실
⑩ 침실 전실

⑪ 화장대
⑫ 주침실
⑬ 침실
⑭ 온실
⑮ 차고
⑯ 지하 현관
⑰ 창고
⑱ 위층 기초 부분
⑲ 작업실

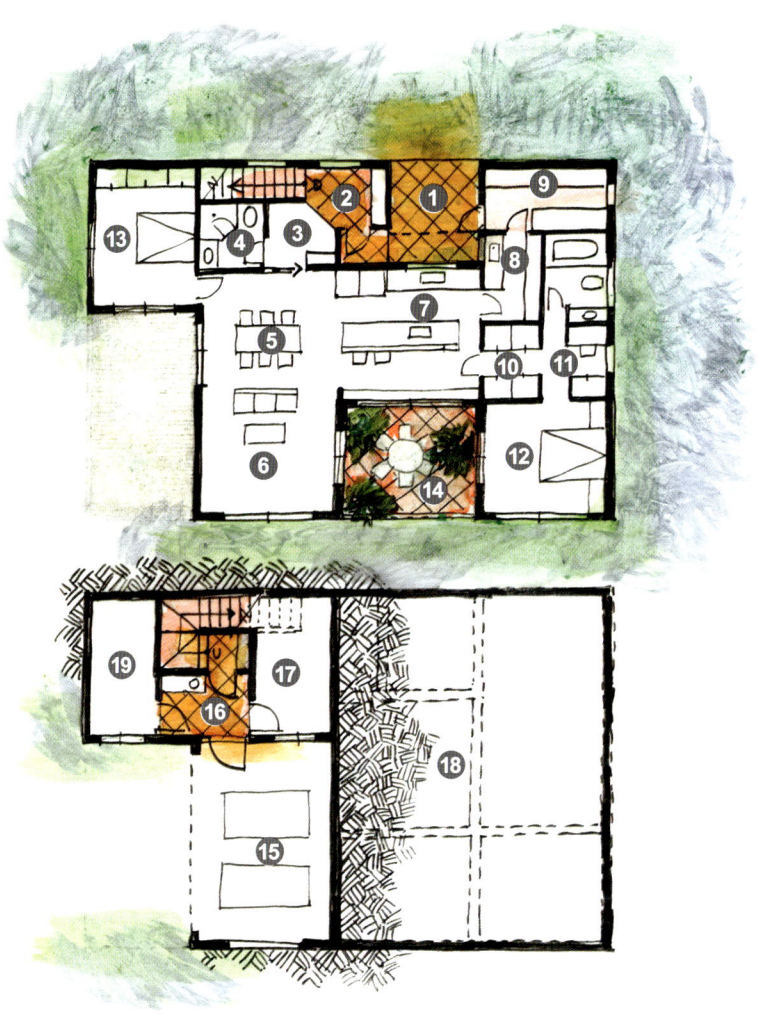

도면 23

59
테라스 만들기에도 주의할 점이 있다

현관은 출입구이면서 신발을 신거나 벗는 곳이어서 신발과 밀접한 관계를 가질 수밖에 없다.
신발과 밀접한 관계를 갖는 또 다른 장소로 테라스가 있다. 현관과 테라스가 이웃해 있을 경우에는 현관에서 신을 신고 자연스럽게 이동할 수 있지만, 그렇지 않다면 거실이나 식당에서 직접 나가기 위해 별도의 신발을 실내에 준비해 두어야 하는 번거로움을 감수해야 한다.
따라서 신을 들지 말고 신고 다니도록 기능적으로 설계가 되어 있어야 한다. (도면 [20], [24] 참조)

60
테라스는 북쪽이 유용하다

테라스를 언급한 김에 한번 짚고 넘어갈 것은, 대개의 경우 테라스를 남쪽에 두는 경우가 많다는 사실이다.

겉보기에는 그럴듯해 보이지만 정작 사용할 때에는 문제가 적지 않다. 전체를 지붕으로 덮는다면 사정이 달라지겠지만, 그렇지 않을 경우에는 날씨에 영향을 받을 수밖에 없다. 눈비 올 때가 아니더라도 여름엔 너무 더워서 나갈 수가 없고, 저녁엔 파리, 모기 등의 해충에 시달리게 된다. 또 경우에 따라서는 테라스에서 갖는 화기애애한 모임이 주변에 소음 피해를 줄 수도 있다. 꼭 테라스가 있어야 한다면 북쪽이 오히려 유리할 수도 있다.

여름엔 시원하고 뒤쪽에 다른 집이 없다면 남쪽에 있는 것보다 낫다. 그냥 장식용으로 남들 하듯 별로 쓸모도 없고 으레껏 구색 갖춘 곳이 되는데다 나아가 유지 관리 마져 부담이 된다면 과감하게 생각 해 볼 일이다. (페이지 210 참조)

도면 24

입구①의 주차장⑩은 같은 지붕 아래 있어서 현관②과 연결이 쉽다. 북쪽의 테라스⑫는 식당의 외부 연장 공간이 되고 주방⑥과 보조 주방⑪에 인접해 있어 편리하고 현관을 통한 접근성이 좋다.

현관 가까이 있는 침실⑨은 별실처럼 독립된 위치에 있기 때문에 응접실로 사용하거나 손님용 침실로 사용하기에 알맞다. 이 경우 방이 더 필요하면 계단을 통해 2층을 이용할 수 있을 것이다. 주방은 아침이 밝은 동쪽과 현관 쪽의 식탁을 향하고 있다.

현관홀⑬은 양쪽에 벽으로 묻히는 미닫이문이 있어서 이 현관홀을 사이에 두고 좌측 공간과 우측 공간으로 구분되고 2층이 있을 경우에는 세 군데로 구역이 나뉘게 되어 독립성이 유지되고 식당에서의 음식 냄새도 차단된다.

① 입구
② 현관
③ 탈의실
④ 화장실
⑤ 식당
⑥ 주방
⑦ 거실
⑧ 주침실
⑨ 침실
⑩ 주차장
⑪ 보조 주방, 다용도실
⑫ 테라스
⑬ 현관홀

아침에 주방의 창밖에서 넝쿨식물들 잎 틈새로 빛이 들어오게 하는 것은 찬란한 장소로 돋보이게 할 만 하다. 나팔꽃도 같이 곁들인다면 또 다른 세상이 될 것이다.
자연에서 산다는 것은 이러한 기적을 매일 만나는 일 일수 있다. 나날이 항상 똑같지 않고 우연히 내게 찾아온 멋진 계절과 순간들을 맞이하고 또 기대하는 생활이다.

두 건물 사이로 진입하는 입구①을 지나서 입구홀②에 들어가면 정면으로 넓직한 테라스⑫(또는 온실)이 보이고 그 좌우로 현관③이 두 군데 있게 된다.
본 건물이 있는 식당⑥은 거실과 겸해서 하나의 공간으로 쓰이고 있어서 별도의 거실은 생략되고 있으며 기다란 다용도 테이블이 들어서 있다.
침실⑧에 이르는 길목에는 탈의실⑨이 있고, 이곳을 거쳐야 침실에 이르게 되는데 침실 한쪽벽은 개방 가능한 구조로 되어 있어서 넓은 공간감을 갖게되고 환기나 통풍에 유리하다.

또하나의 침실⑬은 건강에 좋다는 황토방으로 되어 있고 화장실⑭를 거치면 사우나 도크⑮가 있다. 따라서 화장실 안에 있는 샤워실은 유용하게 쓰인다.

남측 중앙 테라스는 입구홀②의 유리문들을 모두 열어 젖히면 남북으로 통풍이 가능한 외부 공간이 되기도 하지만 유리 지붕을 만들면 온실이나 테라스로 쓰임이 있는 이 집의 가장 중요한 중심 시설이 된다. 또 음식 출입구⑱를 통해 식당이나 홈빠⑰에서의 음식물을 쉽게 제공받게 된다.
차고⑯은 또 하나의 침실이나 작업실로도 사용 가능한 공간이다.

① 입구 ⑩ 화장대
② 입구홀 ⑪ 욕실
③ 현관 ⑫ 테라스(온실)
④ 주방 ⑬ 황토온돌방
⑤ 보조주방 ⑭ 욕실
⑥ 식당+거실 ⑮ 사우나실
⑦ 변소 ⑯ 차고
⑧ 주인침실 ⑰ 홈빠
⑨ 탈의실 ⑱ 음식출구

도면 25

61

문의 구조를 생각한다

외부로 면하는 문과 문틀은 철제문이 좋다. 방부 처리된 방부목 문은 긴 수명을 보장할 수도 없거니와 방범에도 문제가 있을 수 있다.

철제문 안쪽에는 목제 문을 설치하여 이중 구조로 하는 것이 좋다. 그래야 차디찬 철제문으로 인한 열 손실을 막을 수 있다. 실내에서는 방으로 들어가는 문틀을 설치할 때 모든 문지방을 없애는 것이 좋다. 바닥에 턱이 없어 보행할 때 걸릴 것도 없고 청소기를 이동하는 것도 쉽다. 만약 휠체어를 사용한다면 더욱 편하다.

문짝 아래 생기는 틈새는 문을 완전히 닫으면 자동으로 막아지는 간단한 장치를 설치하면 해결된다. 이때를 대비해 문틀 자리와 문이 열리는 부근의 방바닥은 정확하게 수평을 유지해야 한다.

62
안채 거실과 구분되는 손님용 응접실의 필요성

외부에서 손님이 찾아오는 경우 보통 거실로 안내하게 되는데, 개인적인 평소의 사생활이 외부인에게 그대로 노출되는 것을 별 상관 않는다면 다행이지만 경우에 따라 당황 할 때도 있게 된다. 따라서 집 안 거실보다는 현관에서 직접 들어갈 수 있는 곳에 응접실을 설치하는 것이 좋다. 이 응접실은 거실에 못지않게 전망 좋고 쾌적한 곳으로 선정하고 온실의 기능까지 갖춰서 차나 식사가 가능한 다실을 겸하도록 한다면 가장 이상적이 될 수 도 있다. 보통 때는 응접실을 서재로 사용할 수 있고 때로는 손님용 침실로 기능할 수도 있다. 가구는 목재로 된 것이 좋고 세탁이 쉬운 방석을 구비하면 유지 관리도 쉽다.

우리 전통 건축에서 사랑채와 안채를 두듯, 손님용 응접실과 가족용 거실로 구분한다고 생각하면 된다. (218페이지 참조)

입구를 지나 들어서는 현관②은 차고⑬를 통해서도 출입이 가능하고 또 신을 신은채로 응접실④로도 출입할 수 있으며 이어서 온실⑫로도 동선은 이어지고 있다. 그러니까 현관에서부터 신을 그대로 신고 다니는 공간, 온실⑫과 벗고 다니는 공간으로 나뉘게 되는 셈이다.

이처럼 실내에서 신을 벗는 문화에 속하는 우리는 이점을 정리하고 더욱 발전시킴으로 우리만의 것으로까지 자기화시켜 보편적인 형태로 널리 자리 잡아 나가는 것을 기대해 볼 만하다. 차고에는 작은 창고 시설이 구비되어 있어서 외부에서 반입되는 물품을 일시 저장할 수도 있고 작업실⑯과 인접해 있어서 편리하게 이용된다. 사선으로 된 기다란 복도는 갤러리 공간이 되고 그 끝은 식당과 거실이 되어 넓은 공간에 이르게 된다.

남쪽의 온실⑫은 응접실④과 갤러리③ 그리고 거실⑪에 둘러싸인 멋진 장소가 된다. 현관②뒤의 북쪽테라스⑱는 작업실⑯과 침실⑤ 그리고 복도의 채광에 도움이 되고 있다.

① 입구	⑩ 식당
② 현관	⑪ 거실
③ 갤러리	⑫ 온실
④ 응접실	⑬ 차고
⑤ 침실	⑭ 주차수납장
⑥ 탈의실	⑮ 수납장
⑦ 욕실	⑯ 작업실
⑧ 주방	⑰ 복도
⑨ 보조 주방, 다용도실	⑱ 북측테라스
	⑲ 벽난로

도면 26

63

집 안에 갤러리와 온실로 개성을 더하자

집 안에 자신만의 갤러리를 만들고 싶다면 따로 공간을 할애하지 않더라도 현관에서 거실까지의 거리를 길게 해 꾸밀 수 있다. 걷는 구간을 확보하는 것과 동시에 수집품을 진열 보관하는 장소를 확보하는 셈이다. 이때 천장을 통해 자연채광을 한다면 식물을 키우는 것도 가능하고, 한낮에 밝은 곳이어서 전기조명 비용도 절약이 될 수도 있다.

전원에서 그림이나 서예를 즐긴다거나 공방이나 간단한 작업실을 원하는 경우를 자주 보게된다. 이 모든 것을 땅위에 하나의 시설로서 펼친다면 사용하지 않을 때는 경제적으로 부담되는 것도 사실이다.

더욱이 전시장까지 생각한다면 부담은 가중되게 된다. 특히 전시시설은 관람객이 매일 있는 것도 아니어서 효율적인 유지관리에 주안점을 두어야 할 일이다.

갤러리가 필요한 경우에는 방을 따로 만들어 사용하면 평소에 늘 이용하는 경우도 드물고 빈 방 유지관리에 부담이 될 수 있다. 작업장과 함께 쓴다면 별 문제가 안 되지만, 먼지나 냄새가 발생하면 사용상 제한이 생긴다. 이런 경우 별도의 방을 만들지 말고 복도의 폭을 조금 넓혀서 갤러리로 사용하기를 권한다. 반드시 미술 작품이 아니더라도 관심 있어 평소에 모은 소장품이라면 무엇이든 전시할 수 있다. 집 한편을 문화공간으로 가꾸어 나가는 것은 정신의 풍요를 더하는 가치 있는 선택이다.

이 집은 크게 갤러리와 침실, 그리고 거실의 세 블록으로 분명히 구분되어 있는 독특한 구조를 갖고 있으면서 직사각형 이라는 틀에 잘 끼워져 있다. 이처럼 직사각형으로 길게 되어 있는 집은 대개의 경우 북쪽은 벽을 만들어 보온기능을 강화하고 남측을 개방하는 형태를 취하게 된다.

현관홀③에 들어서면 한쪽으로 길게 자리한 갤러리⑥를 만나게 되고 그 끝에 침실들이 있다. 침실들과 거실⑦이나 식당⑧으로 이동할 때는 이 갤러리를 지나게 되는 게 일상이 되기 때문에 당연히 생활의 중심이 된다. 갤러리 반대편으로 탈의실④이 있는 화장실⑤이 있고, 주방⑨ 식당⑧ 거실⑦만의 오픈공간은 갤러리와는 별개로 독립된 형태를 취하고 있기 때문에 갤러리 공간은 그 전문성이 확보되게 된다.

① 입구
② 현관
③ 현관홀
④ 탈의실
⑤ 화장실
⑥ 갤러리
⑦ 거실
⑧ 식당
⑨ 주방
⑩ 보조주방
⑪ 기계실
⑫ 침실
⑬ 욕실
⑭ 탈의실
⑮ 화장대
⑯ 주인침실
⑰ 테라스

64

온실 설치의 여유 갖기

자연 속에 집을 지어 살면서도 자연 자체 그대로의 정원과는 별개로 실내 온실의 필요성을 느낄 때가 있다.

밖에 펼쳐진 자연은 물론 아름답다. 하지만 마음에 들어 구해다 심은 야생화가 환경이 바뀌면서 도태되는 경우도 있고, 또 계절에 따라서는 꽃이 전혀 없는 공백기가 생기기도 한다. 사시사철 원하는 꽃을 즐기고 싶다면 작은 온실을 꾸며보는 것도 좋다. 실내의 식물은 겨울에 산소와 습기를 공급해 준다. 종류에 따라서는 고무나무나 스킨답서스 같이 중금속 같은 특성물질을 흡수 하는 것도 있다. 따스한 햇살을 꽃향기 속에서 보내는 한가로운 시간도 좋지만, 씨앗을 틔우고 식물의 번식에까지 관심을 갖는다면 온실은 갤러리 공간과 함께 또 하나의 취미 생활이 될 수 있다.

장소에 따라서 겨울 혹한기에는 보조 난방 시설을 갖추어야 할 경우도 있는데, 이때 실내의 산소를 태우는 난로를 이용하는 방법은 피하는 것이 좋다. 최근에는 설치비와 유지비도 저렴한 원적외선 방출용 전선을 벽에 둘러서 온도를 올리는 방법도 있고 태양열이나 농촌용 전기의 사용도 생각할 수 있다. 미세먼지가 뒤덮는 집 밖의 환경을 생각 한다면 실내온실이 훨씬 안전한 곳이 되어 여유나 사치가 아닌 필수시설이 될 수도 있다.

벽이 있는 온실의 경우 벽을 가리기 위해 식물을 이용하는 방법도 있다. 일 년 내내 잎이 지지 않는 넝쿨식물을 이용하여 벽을 다 덮고 그 사이에 꽃이 피는 식물을 섞는다면 좋은 효과를 기대할 수 있다. 특히 겨울철에는 집 안에서 가장 중요한 장소가 될 수 있다.

현관에 들어서면 남쪽의 온실과 마주하면 좋은 첫인상을 심어준다. 주차장⑯은 현관 밖에서 연결되어 있고 주방의 다용도실⑥과 접근이 쉬워 장을 본 후 흐름이 원활하다. 또 주차 공간은 실외 작업장으로 사용할 수도 있는데 이때를 위해서 급배수 시설을 갖춰 두어야 한다. 온실⑮은 마루방으로 사용하거나 아니면 오픈 테라스로 사용자의 기호에 맞도록 융통성 있게 쓸 수 있는 공간이다. 필요한 경우에 침실을 하나 더 만들 수도 있다.

① 입구
② 현관
③ 현관홀
④ 주방
⑤ 보조 주방
⑥ 다용도실
⑦ 식당
⑧ 거실
⑨ 전실
⑩ 욕실
⑪ 침실
⑫ 탈의실
⑬ 화장대
⑭ 주침실
⑮ 온실
⑯ 주차장
⑰ 테라스

도면 28

좋은 풀꽃 향기가 가득한 온실은 그 자체를 작은 낙원이라 할 만하다.
자연에서 사는 자체가 큰 정원 속의 삶이라고 생각할 수 있지만 인위적으로 정리된
나의 공간은 또 하나의 색다른 질서를 만드는 일이 된다.
계절에 관계없이 가꾸고 즐기는 온실 속의 시간은 따뜻한 차 향기와 함께
살아있는 나날을 확인하는 일이기도 하고 밖의 공해 환경을 피하는 일이기도 하다.

거실은 집 안에서 가장 좋은 곳에, 가장 넓은 자리를 차지한다. 하지만 낮 동안은 텅 빈 채 가구만 덩그러니 놓여 있기 일쑤다. 거실이 정말 필요한지 냉정하게 생각해 볼 필요가 있다.
특히 자연 속의 생활은 한가하게 대낮부터 거실에 앉아 있는 경우가 거의 없기 때문이다.

익숙했던 거실을
다시 생각하자

거실 자리를 넓은 식당이나 주방 혹은 서재로 쓴다면 이용도도 더 높아지고 전체 면적도 줄일 수 있다. 소파 세트 대신 커다란 테이블을 설치하여 식당과 서재, 작업실 등의 기능을 집약시키면 훨씬 효율성이 높아진다. 집을 짓기 전 그동안 사용해 왔던 거실에 대해 다시 한 번 생각해보길 권한다.

65

거실과 식당의 높이 차이

여유롭고 넓은 거실은 시원한 느낌을 준다. 바닥을 한 부분만 높이거나 낮춘다면 극적인 효과까지 얻는다. 식당과 오픈된 하나의 공간일 때 식당 쪽을 몇 계단 높이면 기능상 경계가 생기고 식당을 올려다보게 되어 돋보이는 효과도 있다. 반대로 식당에서는 낮아진 거실을 내려다보니 훨씬 개방감을 느낄 수 있다.

이러한 바닥 높이의 변화는 좋은 점도 있지만 불편도 있다. 우선 바닥이 나뉜 만큼 가구 배치가 자유롭지 못하다. 특히 많은 사람이 사용할 경우 공간 사용의 융통성에 제한을 받는다. 또 바닥의 높이 차이로 위험 요소가 항상 존재하고 오르내릴 때마다 귀찮음을 감수해야 한다. 그리고 청소도구를 사용할 때나 음식물 등을 운반할 때 아래가 잘 보이지 않아 조심해야 한다. 특히 카트로 운반하는 방법은 포기해야 하고, 거동이 불편할 때 휠체어의 사용도 제한이 생긴다.

노후를 대비한다면 바닥 높이 차이뿐 아니라 문턱까지 없애는 편이 좋을수도 있기 때문에 숙고가 필요한 대목이다.

분위기 보다는 안전이 우선이다.

66
우리에게 익숙한 거실은 문제투성이다

이제 우리가 익숙하게 이용해왔던 거실의 문제점을 살펴보도록 하자. 자연에 내려와 산다 하더라도 도시와 마찬가지로 대기 중에는 황사와 미세먼지가 있고 또 꽃가루까지 있는 것이 현실이다. 조금 더 주의 깊게 들여다본다면 우리가 생활 속에서 놀랄 만큼 비위생적인 환경 아래 살고 있다는 것을 알게 된다.

쉽게 이용하는 대중교통 가운데 택시나 버스 또는 지하철의 좌석은 여러 사람이 이용하는 것으로 그 오염상태는 믿을 만한 것이 못 되고, 또 어디에나 있는 손잡이는 오염이 심각한 수준이다. 슈퍼마켓의 운반도구인 카트 손잡이에는 어마어마한 세균이 우글거린다는 보도도 있을 정도이다. 대중이 이용하는 화장실 손잡이는 더 말할 것도 없다. 그것을 이용하는 사람들이 그대로 집안에 들어와서 문고리를 잡고 거실에 와서 소파에 앉게 되면 집안의 소파 상태는 대중교통의 그것과 다르지 않게 된다. 거기에 그치지 않고 주인이 잠옷 차림으로 그 소파를 이용하게 되면 결국은 깨끗해 보이는 침실의 이부자리도 겉만 멀쩡하지 사실은 대중교통의 온갖 것이 묻어 있는 오염 덩어리와 같다.

계속되는 무관심 속에 반복되고 있는 악순환을 끊지 않는다면 마트에서 끌던 손수레의 세균들과 대중교통의 불결한 상태가 미세먼지와 같은 대기의 공해물질과 뒤섞이게 되면서 내 집이라고 해서 안전한 곳이 못된다. 우리가 아무리 열심히 쓸고 닦는다고 해서 해결될 일이 아니다. 이런 상황에서 거실을 공공영역으로 개방하지 말고 지극히 사적인 용도의 공간으로 쓰는 것은 어떨까? 손님을 맞을 곳이 필요하다면 구태여 거실을 택할 것이 아니라 온실이나 외부 테라스 또는 응접실이 더 나을 것이다. 가까운 이웃 일지라도 집안 깊숙이 모시는 번거로움은 다시 생각해 보도록 하자. (도면 26 참조)

①입구	⑨창고
②현관	⑩거실
③화장실	⑪주방 외부공간
④식당	⑫2층 홀
⑤주방	⑬욕실
⑥보조 주방	⑭침실
⑦기계실	⑮주침실
⑧차고	⑯2층 테라스

2층 구조로 되어 있고 침실은 위층에만 있어서 여름 장마철의 습기로부터 보호된다는 장점이 있다. 주방⑤에서 거실⑩까지 대각선 길이가 긴 편이고 하나의 공간으로 연결되어 있으면서도 그 끝이 드러나지 않아 실제보다도 더 넓어 보인다. 현관②에서 집안에 들어서기 전에 독립적인 탈의가 가능한 화장실③이 있는데 ③이 곳은 탈의실을 겸하고 있어서 외부로 부터 묻어 온 오염 물질들을 실내에 들어서기 전에 털어내고 씻는 곳이 된다. 환기 장치도 잘 갖춰 주어야 하는 것은 물론이다.

주차장과 연결되어 있는 주방⑤은 식당과 함께 이 집의 중심 시설로서 비교적 넓은 면적이 할애되어 있다. 부엌 외부⑪는 물 부엌으로서 주방의 기능을 도와주는 곳이 되고 장독대가 될 수도 있다. 이곳에 투명재료로 지붕을 씌우면 사용 폭이 높아진다. 이층 테라스⑯는 주위에서 낙엽이 날아올 경우 관리가 부담된다면 경사지붕이 있는 집으로 처리할 수도 있다.

도면 29

67
집안에 거실이 꼭 필요할까?

거실이 정말 필요한지는 냉정하게 생각해 볼 필요가 있다.
앞에서도 언급 했지만 자칫하면 대개 그러하듯 낮동안 종일 비어 있게 되면 공간의 낭비가 되기 때문이다. 생산적인 측면을 고려한다면 거실 자리에 작업장이라든가 커다란 온실이 들어 서는것이 효율적일 수도 있다. 겨울철에 산소의 공급도 좋고 간단하게 먹거리도 키울 수 있으며 응접실의 기능도 될수 있는 것이다.
넓은 공간의 이용에 대하여 각자 취향에 근거하여 실내 생활의 활력을 얻도록하는 장소로 활용해 봄직하다.

68

계단을 어디에 둘까?

다른 층으로 오르내리기 위해서는 계단이나 엘리베이터 또는 경사로가 있어야 한다. 여기서는 우선 계단에 한정해서 생각해 보자.

계단은 위치 선정에 따라서 기능이 달라진다는 것을 충분하게 이해하고 신중하게 결정해야 한다. 계단을 거실에 두게 되면 2층에 오르내리기 위해서는 거실을 거쳐야하기 때문에 당연히 집의 중심은 거실이 된다. 또 거실의 평면적 공간이 입체적으로 확장되기 때문에 디자인 면에서도 멋스럽고 그 효과가 좋다.

반면에 아래층의 더운 열기가 위층으로 빠져나가고 대신 찬 기운이 내려오는 문제가 발생한다. 또 소음이 여과 없이 전달될 뿐 아니라 주방의 냄새까지 계단을 타고 퍼져 나가기 때문에 환기에 어려움이 생긴다. 그래서 계단 끝이나 중간에 문을 설치하여 공기 흐름을 차단할 필요가 있다. 한편, 계단을 현관에 두게 되면 거실과 독립된 2층이 만들어져 각자의 프라이버시가 보장된다. 이 때 위아래로 문을 설치하면 공간이 연결되었을 때의 단점은 없어지게 되고 기능상으로는 큰 잇점이 있지만 공간의 연결이라는 건축적인 멋은 어느정도 포기해야 한다.

도면 30

① 입구
② 현관
③ 현관홀
④ 탈의실
⑤ 화장실
⑥ 창고
⑦ 거실
⑧ 주침실
⑨ 욕실
⑩ 식당
⑪ 주방
⑫ 보조주방
⑬ 다용도실
⑭ 테라스
⑮ 2층 홀
⑯ 욕실
⑰ 침실
⑱ 식당 상부
⑲ 창고

계단실이 현관 홀에 있고 거실과는 공간적으로 떨어져 있어서 2층의 생활이 거실과의 관계는 단절되기에 프라이버시가 생긴다.
현관②이 다용도실⑬을 거쳐 주방⑪과 연결되어 있는 것은 이 책의 다른 여러 평면도를 통하여 보아 온 것과 같은 맥락으로 일관된 주장으로 이해하면 될 것이다. 식당의 천장은 2층까지 높게 되어 있는데, 식사 도중에 나는 음식 냄새는 천장 높은 곳에서 배기장치를 통해 밖으로 배출시키도록 한 일종의 굴뚝장치인 셈이다.
식당과 주방은 밝은 남쪽에 있고, 상대적으로 거실⑦은 더 깊숙한 곳을 차지하고 현관홀③로부터 시선이 차단된다. 게다가 식당이나 주방과는 대각선으로 멀리 배치해 그야말로 간섭을 덜 받는 공간이다. 이곳은 거실의 기능보다는 서재로 더 알맞은 곳이라 하겠다.

69
벽난로의 효율성

벽난로는 자연생활에서 선호도가 높은 편이다. 연료로서 목재가 손쉬운 측면도 있고, 불을 둘러싸고 앉아 즐기는 매력도 있기 때문이다.

현장에서 건축적으로 만들든 기성 제품을 설치하든 모두 실내의 산소를 태운다는 점은 알고 있어야 한다. 따라서 불이 타는 동안은 계속해서 산소를 공급하여 불이 연소가 잘 되어 연기가 내부로 새어 나오지 않도록 해야 하지만, 실내의 산소가 부족되지 않도록 창문을 열어 놓을 수도 없다면 벽난로 부근에 공기 유입용 배관을 설치해야 한다. 개폐장치도 있어야 하고 불편한 시설이 되지 않도록 해야 한다.

참고로 페치카는 벽난로와는 전혀 다른 개념이다. 페치카는 벽돌이나 돌을 불에 달구어 그 열을 사용하는 난방기구이다. 내부는 열을 오랫동안 저장하기 위해 복잡한 구조로 되어있다. 실내의 산소를 태우지 않고 밖에서 연료를 사용하는 우리의 온돌에 해당하는 난방장치로서 방 한켠에 크게 자리 잡게 된다.

공중에 매달린 벽난로가 있는 방이다.
넓은 창은 넓은 대로 작은 창은 작은 대로 장단점이 있다. 밖의 경치를 한 폭의 그림을 보듯 정사각형의 틀 속에 가두어서 액자를 두른 듯 고정 창을 만들었다. 매일매일 보는 풍경이 작품이 되도록 집중력을 부여하는 창이다. 나뭇잎의 흔들림, 햇살의 변화 그리고 잠시 머문 새 한 마리, 쏟아지는 빗줄기와 겨울에 내려앉는 눈 등 창이 보여주는 것들은 모두 한 폭의 그림이 된다.

집 안의 중심은
주방과 식당이다

흔히들 집에서 중심 시설은 거실이라 생각한다. 지금 우리 땅에 지어지고 있는 아파트를 포함한 집들은 거의 다 거실이 중심이다. 그에 맞춰 살며 고정관념이 되어 버렸다. 그러나 생활을 잘 살펴보면 중심은 거실이 아니라 주방과 식당일지 모른다. 사용하는 빈도도 높을 뿐 아니라 주방에서 음식을 함께 만들고 식구들과 식탁에 둘러앉아 나누어 먹으며 보내는 시간이 가족의 생활에서 가장 중요한 사건일 수 있다. 근래 들어 주방기구도 구조도 많이 바뀌고 있다.

세 끼 식사를 챙기는 일은 하루의 가장 많은 시간을 들이는 일이기도 하고, 가족 모두의 일일 수도 있다. 주방의 위치를 중앙에 두고 남쪽을 향하게 하여 자연을 즐기는 곳이 되게 하면 어떨까? 그러면 거실과 주방이 하나가 되어 자연 속에서의 삶을 더욱 풍요롭게 해 줄 것이다. 주방에서 직접 정원을 볼 수 있고 현관에서 가까워 손님 맞기에 편하며 가족의 움직임뿐만 아니라 안과 밖을 모두 살필 수 있도록 만들어 보자.

이 책에 실려 있는 주택 평면도들은 거의 주방이 집의 중심임을 보여 주고 있다. 주방의 위치나 방향 그리고 사용 방법에 따라 사는 사람의 개성과 취향이 드러난다. 따라서 거실이 있어야 할 남쪽에 주방이 자리한다 해도 이상한 일은 아닐 것이다.

70

우리만의 식문화에 맞는 주방이 필요하다

지구상에 있는 수많은 민족 가운데 음식을 우리처럼 다양하게 여러 가지 방법으로 조리해서 먹는 민족도 흔치 않다. 그런대로 잘 지내다가 해외에 나가 다른 나라의 주방과 비교해 보면 새삼 깜짝 놀라게 된다.

우리의 부엌은 간장, 된장 등 저장 음식이 중요하고 따라서 이를 보관할 면적도 필요하다. 복잡한 조리 방법만큼이나 조리 기구와 집기, 그릇도 충분히 확보해야 하기 때문에 주방은 더욱 더 넓은 공간을 필요로 한다. 게다가 명절이라든가 제사 같은 행사가 있어서 단시간에 많은 음식을 장만해야 할 때나 김장 등을 할 때는 웬만한 주방 시설로는 감당이 되지 않는다. 또 다른 나라의 음식이나 음료가 우리 일상으로 들어와 있는 변화에 맞춰 그에 따른 식기도 별도로 장만해야 한다. 이와 같은 조건을 모두 수용하는 것은 쉽지 않아 보인다. 하지만 우리가 지으려는 집이 비록 작더라도 고유의 식습관을 모두 바꾸어 유럽식이나 일본식으로 간단하게 만들 수는 없다. 특히 굽고 졸이고 끓일 때 나는 강렬한 냄새는 별도의 특별한 처리가 없으면 조리를 포기해야 할 수도 있다. 또한 이런 조리 과정에서 발생하는 미세먼지 등의 유해물질도 무시할 수는 없다. 그렇다고 실내에서 마스크를 쓰고 살 수는 없는 노릇이니, 대책으로 주방과 별도로 환기가 잘 되는 보조 주방도 생각해 봄직하다.

보조 주방을 외부로 나갈 수 있는 통로로 삼아 다용도실과 연계하면 외부에서 들어오는 식자재를 일차 가공하고 분류할 수 있는 곳이 된다. 아울러 보일러와 세탁기, 냉장고 등의 기계 설비가 자리하는 곳이 될 수도 있다. 더 나아가 운송수단인 자동차가 있는 차고와 유기적인 동선을 검토해 볼 필요가 있다. (도면 [15], [20], [21], [34] 참조)

71
땅속의 지하 식품고는 어려움이 많다

뒤편 비탈진 언덕의 땅속 공간이나 건물 지하에 만드는 식품저장고는 온도의 변화가 작기 때문에 자연적 저장고로서 유용한 곳이 될 수 있다. 자연동굴같이 거칠게 파들어 가서 습기가 차거나 천장과 벽에 물이 흘러도 어느 정도 자연배수가 된다면 그런대로 만족해야겠지만, 하나의 건축물로서 제대로 지으려고 하면 여러 가지 문제가 생긴다.

반복되는 이야기 이지만 입구부터 외기가 들어오지 못하도록 밀폐된 구조로 해야 하고, 또 전실에 2, 3중으로 문을 단다 해도 내부에 습기가 생기는 것은 피할 길이 없다.

지하실의 조건상 공기의 순환이 좋지 않기도 하지만 그렇다고 해서 공기를 강제 순환시키면 더운 공기가 밖에서 들어오게 되므로 결로는 더 생길 수밖에 없다. 제습기를 설치해서 물을 빼낼 수도 있지만 이때는 제습기 자체 열기 때문에 결로가 더 만들어지고 지하실 내부 온도가 상승하게 된다.

결론적으로 말하면 콘크리트나 벽돌 등으로 된 지하식품 저장고는 아직까지 권장할 만한 것이 못 된다는 점이다. 그보다는 지상에 냉동이나 냉장시설을 갖춘 건물을 짓는 편이 좋을 수 있다.

단순한 긴 평면을 구부려서 개성을 만들고 있다. 단조로운 평면에 변화를 만들어 동적인 활력이 생겼다. 주방과 식당이 집 중심 전망 좋은 곳에 자리 잡고 있어 자연에서의 개방된 삶을 잘 보여준다.

현관에 들어서면 식당③과 주방④ 너머로 거실을 포함한 북쪽 테라스⑪가 눈에 들어온다. 현관 곁에 탈의실⑨도 구비되어 있고 지붕이 있는 북측 테라스⑪는 주방과 다용도실⑩ 가까이에 있어서 평소에는 옥외 작업 공간이 되기도 한다. 남측의 테라스⑫에서 꽃을 키우고 북쪽 테라스 는 휴식하는 곳으로 구분하여 사용할 수 있다. (45페이지 참조)

① 입구
② 현관
③ 식당
④ 주방
⑤ 거실
⑥ 침실
⑦ 욕실
⑧ 파우더룸
⑨ 탈의실
⑩ 보조 주방, 다용도실
⑪ 북쪽 테라스
⑫ 테라스

도면 31

집을 약간 구부리면 시야의 폭이 넓어진다.
남쪽을 우선으로 하는 것도 유지하면서 북쪽 테라스 쪽으로 개방하면 창을 통해 입구에서 정면으로 시원하게 트인 전망을 볼 수 있고 계절의 변화가 집 안에 가득 들어오게 된다. 식당이 집 안의 중심 시설로 식탁이 가장 좋은 위치 놓였고 응접실 기능을 겸한다.

① 입구   ⑦ 식당
② 현관   ⑧ 주방
③ 주인침실   ⑨ 다용도실
④ 탈의실   ⑩ 침실
⑤ 화장실, 욕실 ⑪ 테라스
⑥ 거실

입구는 남쪽에 있으면서 테라스는 뒷편 북쪽에 두어 밖에서는 테라스가 보이지 않는 구조로 되어 있다. 집의 중앙에 주방이 자리 잡고 있고 그 방향은 식당⑦과 거실⑥은 물론 현관② 그리고 북쪽의 테라스⑩까지 향하고 있어서 집안의 모든 사항을 관리하기 쉽게 하고 있다.
북쪽의 테라스⑪는 남쪽에 위치할 때보다는 사용 빈도가 훨씬 많을 수도 있는데 주방의 외부 공간으로서 큰 행사가 있을시는 물론이고 시원한 장소가 되어 주고 뒷마당과의 연결이 좋게 되기도 한다.
특히 지붕이 있는 시설이 된다면 쓸모는 더 커지게 된다.
욕실앞의 전실로서 탈의실④은 밖에서 입던 옷을 실내복으로 갈아입는 시설이 되고 필요하면 남쪽으로 크기를 더 늘릴 수 도 있다.

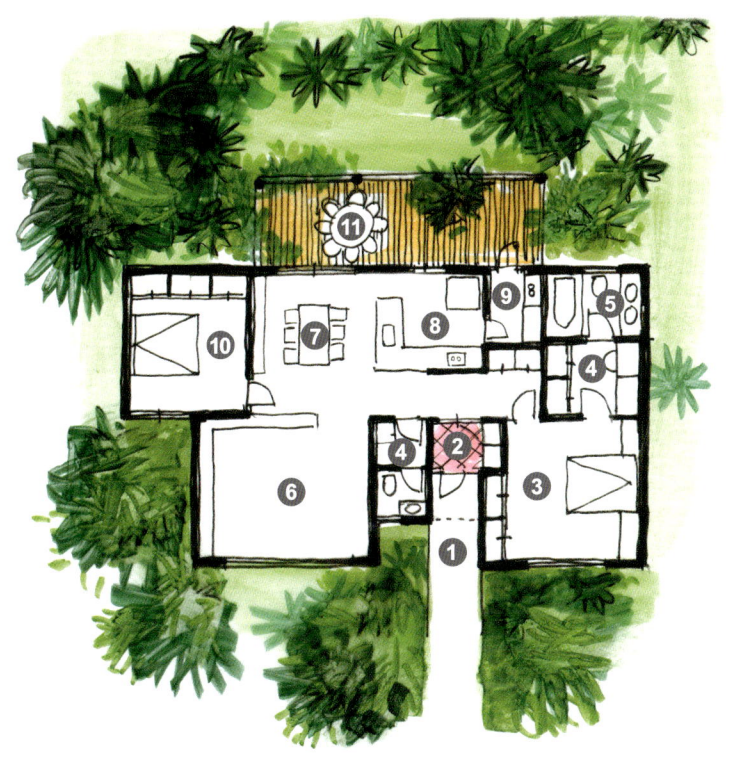

도면 32

이 집은 거실을 비롯하여 주침실⑤은 북쪽에 두고 밝은 햇빛을 실내로 직접 받아들이지 않게 하는 것을 목적으로 지어졌다. 따라서 거실⑪과 식당⑫의 위치가 바뀌어 있고 주방⑬도 밝은 남쪽에 두고 있어서 실제 쓰이는 사용시간에 맞춰 남측을 우선 할애하고 있다.

현관②에 들어서면 정면으로 밝은 중정④이 먼저 들어온다. 이 중정은 현관에서 첫인상을 좋게 하고 또 주침실의 전용 정원이 되어 북쪽에 있는 침실⑤에 밝은 채광과 환기는 물론이고 사방이 둘러싸여 있기 때문에 프라이버시가 보장되는 곳이 된다.

현관에서 방향을 꺾으면 갤러리③를 지나 넓은 거실⑪로 공간이 확대되어 밖의 테라스⑯로 개방감은 연장된다. 외부 테라스⑯는 북쪽의 시원하고 조용한 곳이기도 하지만, 혹시 있을 뒷집과의 소통의 공간이 될 수 있다. 지붕까지 덮게 되면 전천후 다목적 공간이 되고 나아가 훗날 증축까지도 가능한 곳이 된다.

현관 근처 욕실⑧에는 탈의실⑨이 있어서 밖에서 걸쳤던 옷을 실내복으로 갈아입는 곳으로 욕실과 함께 실내 위생을 담당하는 중요한 공간이 된다. 주방⑬에 거실로 돌출된 홈바⑱는 음료를 내주는 곳으로 요리하는 주방과 별도로 사용할 수 있다.

① 입구   ⑩ 침실
② 현관   ⑪ 거실
③ 갤러리 ⑫ 식당
④ 중정   ⑬ 주방
⑤ 주침실 ⑭ 보조주방
⑥ 서재+화장대 ⑮ 다용도실
⑦ 탈의실 ⑯ 테라스
⑧ 욕실   ⑰ 주차공간
⑨ 탈의실 ⑱ 홈바

도면 33

72

주방은 즐거운 곳이 될 수 있다

새 집으로서 주방을 설계할때 관습대로 음식을 조리하기 편하도록 하는데서 그치지 말고 조금 여유를 부려 차나 커피 또는 주류 등 음료를 다룰 수 있는 별도의 주방 시설을 만드는 것을 검토를 해 보길 권한다.
도시생활에 비해 융통성 있고 자유스러움의 상징으로 거실이나 식당의 중심되는 위치에 자리를 마련하고 아무때나 차를 끓일 수 있는 뜨거운 물이 항상 준비되어 있고 취향에 따라 와인같은 주류를 다룰 수 있고 그에 따른 집기들도 갖춘 홈빠의 기능도 들어설 수 있는 것이다.
이처럼 취사와는 별도로 여분의 시설이 만들어 진다면 그 위치를 정할 때 부터 접근성이 좋고 장식적인 효과까지 생각하여 친교를 위한 준비된 공간이 될 것이다.
한편에서 요리나 설거지 할 때 또 한편에서는 차와 음료를 준비 할 수 있고 간혹 큰 행사가 있을 때는 밖으로 연결되어 있는 보조주방과는 관계없이 쓰기에 따라 실내에서 삶의 행동 반경이 넓어지는 넉넉한 여유가 될 수 있는것이다. (도면 33, 37, 41 참조)

73
외부의 부엌

부엌과 가까운 외부에 물을 사용할 수 있는 외부 부엌을 둔다면 더욱 편리하다. 외부 부엌이란 김장을 한다든지 실외에서 큰일을 치를 때 공동작업장이 되는 곳을 말한다. 큰 물통이 준비된 물 부엌이라고도 할 수 있는데 지붕이 있는 시설이면 더욱 좋다. 이때 테라스와 외부 부엌을 연결하면 한결 편리하다. 부엌으로 사용하지 않을 때는 물이 있는 작은 정원이 되기도 한다.

주방이나 식당에 대한 고정관념에서 벗어나 각기 취향대로 모두 다른 나름대로의 디자인된 시설들을 만들 수 있다면 우리의 삶은 그만큼 풍요로워질 것이고 우리는 자유로운 개성의 시대로 한 발 더 다가가게 될 것이다. (도면 34 참조)

주방⑧ 시설이 집의 가운데를 차지하고 있다. 주방 뒤쪽으로 보조주방⑪을 포함하여 외부에 물부엌⑬이 있으며 이곳은 차고⑮와 남쪽의 테라스⑭까지 연결되어 있어서 주방의 기능과 밀접하게 연관된 시설의 집합체로서 짜임새 있는 모양을 이루고 있다.

기계실⑫과 함께 있는 외부용 화장실의 변기는 겨울에 기계실의 더운 열기로 인해 동파되지 않는다. 또 물부엌은 필요에 따라 그 크기를 넓힐 수도 있고 지붕까지 만들어지면 주방은 훨씬 편안한 곳이 될 수 있다. 주방 앞에 있는 온실⑯은 주인침실⑦과 거실⑩ 사이에 있어서 주방과 함께 집의 중심시설이 되어 집의 어느 곳에서든지 볼 수 있는 곳이 된다. 거실과 침실은 활력있는 주방에서 떨어진 곳에 각각 자리하고 있으며 칸막이로 구태여 공간을 구분하거나 나누지 않더라도 현관홀③에서 거실⑩에 이르기까지 공간을 엇갈리게 배치하는 것으로도 영역이 구분되는 효과가 만들어지고 깊이감도 생기게 된다. 식당⑨과 거실⑩은 필요에 따라 가구 배치만 달리 하는 것으로 넓게 쓸 수도 있는 융통성이 있는 곳이 된다.

① 입구
② 현관
③ 현관홀
④ 탈의실
⑤ 화장실
⑥ 욕실
⑦ 주인침실
⑧ 주방
⑨ 식당
⑩ 거실
⑪ 보조주방
⑫ 화장실과 기계실
⑬ 물부엌
⑭ 테라스
⑮ 차고
⑯ 온실

도면 34

74
조리용 열기구에 대하여

주방에서 사용할 조리용 열기구로서 전기 인덕션을 선택했다면 설계할 때 미리 제품을 선정해 두는 것이 좋다. 제품에 따라 공사할 때 전기 배선에 차이가 있을 수 있기 때문에 공사 시작에 앞서서 사용하게 될 제품의 정보를 전기 설계자에게 알려주어야 한다.

가스를 사용한다면 저장용기는 예비용까지 확보해서 최소 한 통은 항상 여분으로 있어야 한다. 비를 안 맞는 곳으로 입구를 두고 외부 반출입이 쉬워야하며 외관상 눈에 띄지 않도록 덮개 시설을 잘 하는 것이 좋다.

전기레인지는 산소를 태우지 않지만 가스레인지는 실내 산소를 태운다는 것을 명심하자.

배기도 중요하지만 급기도 그에 못지않게 중요하다. 특히 창호를 좋은 것으로 설치했다면 외부 공기가 거의 완전하게 차단되어 배기할 때 어디로든 새 공기가 들어오도록 해야 한다. 그렇지 않으면 실내의 산소 부족도 문제가 될 뿐 아니라 요리할 때 배기가 잘 되지 않아 환풍기가 열심히 돌아간다 해도 배기 효과가 미미해진다.

75
주방의 방향은 남쪽이나 실내를 향하도록 하자

우리네 주방을 떠 올리면, 북쪽 벽을 향해 있던가 집에서 먼 구석진 곳에 자리하는 게 당연하게 연상된다. 사용 빈도는 가장 높으면서 위치적으로는 가장 푸대접 받고 있는 셈이다.

이제 자연에 나선 김에 주방부터 바꿔 볼 필요가 있다고 생각된다. 반복되는 이야기 이지만 주방의 위치를 집 중앙에 두고, 그것도 남쪽을 향하게 하여 자연을 보면서 작업하던가 아니면 거실을 마주 보며 있도록 하는 것을 권한다.

주방에서 창밖 정원을 볼 수 있고, 현관에 가까워 문 열어 주기도 편하며, 가족의 움직임뿐만 아니라 안과 밖을 모두 살필 수 있는 장점을 살려야 한다. 또 식자재 등이 다른 공간을 번거롭게 거치지 않고 다용도실이나 현관, 차고 등에서 직접 들어올 수 있다면 이상적이라 할 만하다.
 (도면 [19], [20], [23], [29] 참조)

① 입구
② 현관
③ 침실
④ 주방
⑤ 식당
⑥ 거실
⑦ 주침실
⑧ 창고
⑨ 기계실
⑩ 벽난로
⑪ 욕실
⑫ 탈의실
⑬ 테라스

도면 35

일자형의 평면을 원을 그리듯 구부려서 부드러운 내부 공간을 형성하는 것으로 개성을 만들어 내고 있다. 남측으로 길고 북측은 짧은 형태로 구부러져 뒤에서 오는 바람을 피하는 데 유리하다. 거실⑥과 식당⑤을 구분 없이 하나의 공간으로 융통성 있게 사용하기 때문에 이웃한 주방과 함께 낭비가 없는 건실한 공간을 보여준다.

모든 방이 남쪽을 향하고, 두 개의 침실은 좌우 양 끝에 두어 독립성이 두드러진다. 주침실⑦의 옆 창고⑧는 침실의 단열을 돕는 곳이 되고, 남쪽의 넓은 지붕의 테라스는 이 집의 실용성을 잘 드러내 준다. 참고로, 이런 형태의 집은 벽돌쌓기 같은 조적조가 제격이다. 평면 자체가 벌써 재료를 거의 결정하게 하는 좋은 예가 된다.

부드럽게 구부러진 실내의 동선은 그 끝이 한눈에 드러나지 않아서 공간의 깊이가 더해진다. 건물 좌우에 있는 침실과 화장실을 제외한 공간 전체가 하나의 넓은 공간이어서 단순하고 현대적인 형태로서 벽돌이 주는 재료의 부드러움으로 인해 안정감 있는 분위기를 만들어내고 있다.

집의 구조가 큰 원을 이루며 구부러져 있어서 직선에서 느끼지 못하는 부드럽고 따뜻한 공간감을 갖게 된다. 반듯한 직선으로만 되어 있는 공간에서 살아 온 사람들에게는 낯설어 보이기도 한 형태지만, 건물의 안과 밖이 하나의 재료로 되어 있고 별도의 기교가 없어 보이는 순박한 디자인이 보여주는 구수한 멋은 직선의 세계에서는 볼 수 없는 경지가 된다.

쾌적한 침실을 위한 제안

침실은 그 특성상 밤의 공간으로 분류되며 낮에는 별로 쓰임이 적기 때문에 구태여 향이 좋다는 남측으로 배치 할 이유가 없게된다. 따라서 관습적으로 침실을 좋은 곳에 배려하기 보다는 그 특성을 고려해서 조용하고 수면에 쾌적한 위치를 정해야 할 일이다.
사용인의 취향이나 별도의 특별한 사정이 없다면 밝은 아침을 원하는 경우는 동쪽에 창을 낼 수 있는 위치가 좋고, 경우에 따라 조용한 북쪽이 좋을 수도 있다.
다만, 냉장고 같은 가전제품 이라든가 기계실과는 거리를 두어 한밤중에 크게 느껴지는 기계의 작동 소음으로 부터 멀리 떨어져야 한다.

76

다른 공간에 둘러싸인 주인침실

침실은 가장 가벼운 옷차림으로 생활하는 공간이다. 따라서 적정 온도의 유지가 중요하다. 외벽의 단열도 중요하지만 더 적극적인 방법도 강구해야 한다. 침실이 외벽에 직접 맞닿도록 하는 것보다는 다른 방이나 시설이 침실을 에워싸도록 하는 공간 배치도 좋은 방법이다.

침실에 면한 북쪽이나 서쪽에 창고 혹은 가구장을 만들고 창이 넓은 남쪽이나 동쪽에 마루방을 만드는 식으로 침실을 공간에 갇히게 하는 것이다. 또 침실을 둘러싸고 있는 방들이 모두 공간적으로 연결되어 있어서 공기가 잘 순환 되도록 되어 있는지 살펴 볼 필요가 있다.

(페이지 81, 273, 341 도면 참조)

77
침실은 산소가 부족해지기 쉬운 공간이다

집을 작게 지으면 그에 비례해서 침실들도 작아질 수밖에 없다. 사실 잠자는 곳으로서 침실은 낮에는 종일 비어 있다는 점에서 구태여 넓을 필요는 없다. 그렇지만 밀폐된 침실의 특성으로 볼 때 공간이 작으면 공기의 용적이 작아져 산소 부족으로 답답해진다. 특히 단열과 방음을 위해 좋은 창을 설치한 경우에는 이 점이 더욱 두드러진다. 사소한 듯 보이는 이 문제가 장기적으로 건강을 해치는 요인이 될수 있다는 사실을 알아야 한다.

바닥 면적이 적을 경우에는 공간을 키우기 위해 천장이라도 높게 해야 하는데, 이 경우 실내의 온도 차이가 커져 외풍이 생길 수가 있다. 이를 염두에 두고 단열을 철저하게 해야 한다. 특히 천정 단열은 스티로폼의 경우 두께가 150밀리미터 이상은 되어야 안심할 수 있다.

천장을 높게 할 때 주의할 점은 조명기구 교체가 어렵다는 점이다. 따라서 조명기구를 천정에 부착하는 것보다는 벽에 부착하는 것이 좋고, 바닥에서 사용하는 스탠드도 권장할 만하다.

자연에 기거하면서 집을 수시로 개조해 가며 적응하는 과정을 보여주는 평면이다. (도면 5 참조)
현관④을 통해 실내에 들어서면 높은 천정의 긴 복도를 기준으로 양쪽으로 공간이 나뉘고 있다.

남쪽에 있는 주방⑤은 식당과 거실의 기능을 함께 하고 있는데, 밖에 있는 마루방③과 복도의 끝에 있는 다용도 공간으로서 마루홀⑩이 있어서 실내의 거실⑤의 기능은 약해 진다. 마루홀⑩은 그동안 살아오던 오픈된 지붕테라스를 실내공간으로 바꾼 것인데, 밖의 먼지나 벌레를 막을 수 있고 습기로부터 보호해 준다. 또 회랑의 일부가 마루방⑳이 되어 침실을 외기로부터 보호하는 곳이 되고 쓸모 많은 곳이 된다. 이 침실을 기준으로 해서 복도㉑를 시점으로 마루홀⑩에 이어 마루방⑳에 이르는 공기의 흐름이 끊기지 않고 이어지게 된다.
이러한 공기의 연속적 흐름은 좁은 실내를 쾌적한 곳이 되게 한다. 반으로 줄어든 회랑⑪은 여전히 남아서 마루방③의 앞 공간이 되어함께 외부공간의 기능을 담당하고 있다.

① 입구 ⑫ 외부화장실
② 전실 ⑬ 보일러실
③ 마루방 ⑭ 차고
④ 현관 ⑮ 골목길
⑤ 주방, 거실 ⑯ 북쪽테라스
⑥ 침실 ⑰ 물부엌
⑦ 세탁 ⑱ 지하식품고
⑧ 샤워실 ⑲ 외부세면대
⑨ 화장실 ⑳ 마루방
⑩ 마루홀 ㉑ 복도
⑪ 회랑

도면 36

우리에게 고정된 이미지 중 하나가 현관에서 시작한 공간의 흐름이 거실을 거쳐 침실에 이르게 되면 더 이상 갈데없는 막다른 곳이 된다는 것이다.
이 그림은 침대 머리 뒤편에 공간이 더 있게 되어 침실도 네모반듯하게만 생각할 것이 아니라 ㄱ자로 만든다든가 침대를 벽에 붙이지 말고 방 한가운데 놓기도 하고 욕실과 구분 없이 오픈된 공간도 생각해 볼만하다. 침실만의 독립된 정원이나 테라스의 확보라든지, 마루방을 만들어서 생활 영역을 넓히는 것도 고려할 일이다. (도면 6, 11, 33, 36 참조)

보통 크기 이상의 큰 테이블을 요즈음은 가구점에도 등장하고 있다. 가구점이 아니어도 목재상에 주문하면 보다 저렴한 가격으로 주문이 가능하기도 하다.

용도에 구애 없이 그냥 넓은 테이블 자체로도 장식성이 있기도 하지만 풍부함이 내포된 여유를 느끼게 된다. 식탁은 물론이고 더불어 책상도 되고 때로는 작업대로 동시에 쓸 수도 있다.

이러한 다용도의 기능은 자연생활에서 가능한 건강함을 보여주는 일이기도 하다. 긴 테이블이 항상 일과 행위를 기다리듯 준비된 자세로 집의 일부를 크게 차지하고 있는 것만으로도 사는 이의 정서가 드러난다.

78
침실은 옷을 갈아입는 곳이 아니다

우리는 다른 나라 사람들에 비해 짐이 많다고들 한다. 게다가 귀금속같이 값나가는 것들은 침실 안 가까이에 두고 자야만 안심하는 심리가 있다. 장롱이나 옷장도 안방 침실에 있어 그곳에서 외출복을 갈아입는 것도 흔한 일이다. 그런데 이렇게 되면 밖에서 묻어온 각종 오염 물질을 가장 깨끗한 공간인 이부자리 옆에서 털어내는 셈이다.

침실은 취침하기 전에 내의 정도만 갈아입는 곳으로 인식하고 밖의 옷은 따로 탈의실에서 갈아입도록 하여야 할 것이다. 그러려면 건축 평면부터 그에 맞게 설계해야 한다. 새로 짓는 주택은 물론이고 모든 아파트에서도 침실 안의 큰 옷장은 당연히 퇴출시켰으면 한다.(도면 37 참조)

79
침실의 위치

반복되는 이야기지만 침실은 우선적으로 조용해야 하기 때문에 번거로운 도로에서 멀어야 하고, 또 실내의 온도 변화가 작게 하기 위해서 가능하면 가장 그 목적에 적합한 곳을 택해야 한다. 특히 나이든 어른들은 침실 자체가 거실이 되는 경우도 있기 때문에 또 다른 배려가 요구된다. 침대방 보다는 온돌이 있는 밝은 한식 구조가 좋을 수도 있다.

젊은 사람을 위해서는 깊숙한 곳에 자리 잡기 보다는 입구에 가까운 곳이 좋게 된다.

침실의 일부 벽이 건물의 외벽이 될 경우에는 가능하면 고정된 벽가구를 설치 하는것이 열 관리에 유리하게 된다. 어찌 됐건 한 낮에 종일 비우게 되는 경우를 감안하여 공간 활용이라는 관점에서 경제적으로 접근 할 필요가 있음을 강조한다.

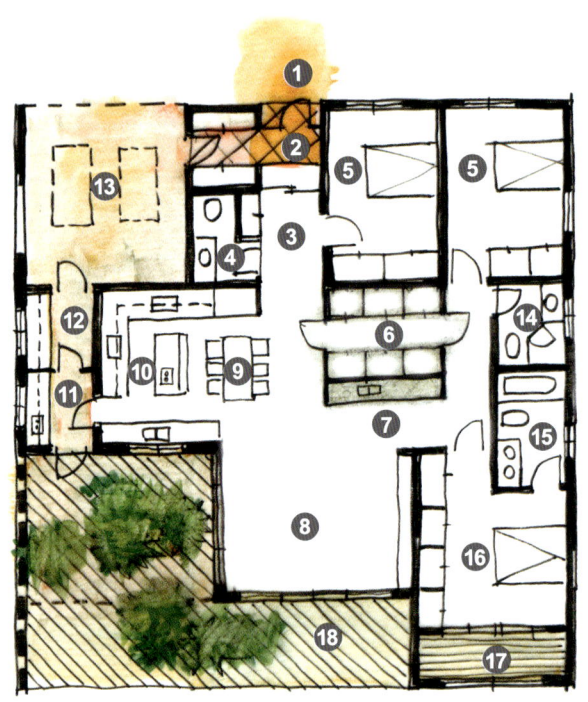

도면 37

입구①를 지나 들어서는 현관②은 주차장⑬을 통해 들어올 수도 있다. 주차장을 기준으로 보면 현관으로 직접 연결되기도 하지만 다용도실⑫을 거쳐 부엌⑩으로 동선이 연결되고 나아가 남쪽의 넓은 테라스로 이어진다.

집 가운데 있는 탈의실⑥은 실내복으로 갈아입는 곳이며 양쪽으로 난 문을 거쳐야만 하는 통로를 겸하고 있어서 접근성이 좋은 장소에 자리한다. 이 탈의실 남쪽으로 홈바⑦ 시설이 있어서 주방⑩과는 별도로 차나 음료를 제공하는 곳으로 쓰인다.

남쪽의 테라스⑱는 서쪽의 넓은 부분의 일부를 할애해서 온실로 만들면 전천후 테라스 공간이 될 수 있다. 주침실⑯의 남쪽으로 마루방이 위치하고 창호지 미닫이문을 설치해 단열효과도 좋고 밝은 태양빛도 조절 가능하다.

① 입구
② 현관
③ 현관홀
④ 화장실
⑤ 침실
⑥ 탈의실
⑦ 홈바
⑧ 거실
⑨ 식당
⑩ 주방
⑪ 보조 주방
⑫ 다용도실
⑬ 주차장
⑭ 욕실
⑮ 욕실
⑯ 주침실
⑰ 마루방
⑱ 테라스

우리 욕실 문화는 오랫동안 민망할 정도로 빈약했다. 그러던 것이 언제부터인가 급속도로 발전해 고속도로 화장실은 세계 최고의 수준에 이르러 외국에서 견학 올 정도가 되었다. 한발 더 나아가 화장실의 개념을 넓히고 새로이 생각해 보자.

화장실에도
새로운 생각을 더해 보자

물을 사용한다는 공통점에서 착안해 채광 위주로 화장실 공간을 밝게 하고 온실을 겸하도록 할 수도 있고, 목욕 시설과 접목하여 체력단련실을 겸한다면 아침 뉴스를 듣는 좋은 휴식 공간이 될 수도 있다. 건강한 생활을 위해 목욕이나 찜질방 등에 관심이 있다면 욕실의 비중을 과감히 키우는 것도 괜찮다. 풀장까지는 아니더라도 큰 욕조도 생각할 수 있고 사우나 시설도 생각할 수 있다. 옛 로마에서는 목욕 시설이 사교의 장으로 보편화되기도 했다. 대중목욕탕의 위생이 걱정되고 다니기 번거롭다 생각한다면 다소 사치스럽지만 건강한 생활을 위해 나만의 작은 공간에 투자할 수도 있는 일이다.

80
있으면 요긴한 손님용 화장실과 실외 화장실

집 안에 화장실이 여럿이면 어쩔 수 없이 공사비가 올라간다. 화장실은 단위면적당 공사비가 가장 높은 곳이기 때문이다. 그렇더라도 가능한 손님용은 따로 두어야 한다. 가족들이 사용하는 세면도구들은 외부인의 눈에 안 띄게 하는 것이 좋을듯 하다.

또한 손님용 화장실을 별도로 두지 않는다면 우리 가족의 건강 정보가 불필요하게 노출될 수도 있다. 현관에 있는 손님용 화장실 입구에 전실로서 탈의실을 함께 만들자. 그러면 꼭 손님이 아니더라도 평소에 외부에서 입고 있던 겉옷을 실내복으로 갈아입는 곳으로 사용할 수가 있다. 손 씻는 세면기도 있기 때문에 작은 면적의 공간이라도 중요한 역할을 할 수 있다.

81
옥외 화장실은 요긴하게 쓰인다

건물 밖에서 사용할 수 있는 제대로 된 실외 화장실도 갖추면 좋다. 밖에 나와 있다가 화장실을 사용하기 위해서 다시 현관으로 들어와 신을 벗고 실내 화장실을 이용하기 위해 들락거리는 번거로움을 줄일 수 있고 밖에서 작업할 때도 편리하게 사용할 수 있다.

살다보면 여러 경우에 꼭 필요하고 유용한 곳이라고 느끼게 될 것이다. 실외 화장실의 경우 사용이 드문 겨울 동파를 방지할 방법도 고려해야 하는데 보일러실 가까이에 두면 잉여 열을 사용할 수 있어 도움이 된다.

(도면 36 참조)

82

남성용 소변기를 따로 설치하고
전망용 창을 내자

주택에서는 양변기 하나로 남녀가 같이 쓰는 경우가 많다. 여건이 된다면 독립된 남성용 소변기 설치를 권한다. 이때 옆에 별도의 샤워기를 달아 청소가 용이하게 하면 더 좋다. 요즘에는 물을 사용하지 않고 악취도 없는 소변기 제품이 나와 있기도 하다. 화장실이나 욕실의 환기는 급기와 배기를 함께 해야 한다. 또 아파트와 달리 주택에서는 동서남북 어디에나 창을 낼 수 있다는 이점이 있다. 비록 짧은 시간 머무는 공간이지만 전망용 창을 내어 밖을 볼 수 있도록 해 보자.

침실은 특성상 가장 조용하고 수면에 방해받지 말아야 하는 곳이어서 구석에 자리하는 게 상식이다. 이러한 고정관념에서 벗어나 하나의 공간에 대해 풍부한 상상력을 펼치는 이슬람 세계의 건축이 흥미롭다. 그들의 찬란한 건축 문화는 스페인의 알함브라 궁전에도 남겨져 있을 정도로 뛰어나다. 이 그림은 이미 고전이라 할 수 있지만 침실 가운데 있는 욕실시설이다. 습기가 부족한 겨울에는 가습기 역할도 하고 여름철에는 시원한 풀이 되기도 한다.

멋진 나날들

건물을 다 지은 후에서야 나무를 고르고 심으면서 마당의 빈자리나 허전한 곳을 메우려 한다. 하지만 이왕에 나무를 심을 거라면 설계 때부터 관심을 갖고 적당한 나무와 꽃을 미리 정해 놓아야 한다. 경우에 따라선 나무를 위해 건물 형태를 바꿀 수도 있다. 자연에 들어와 누리려는 마음이라면 나무와 집을 같은 비중으로 다루어야 한다는 뜻이다.

주인공은 자연이고
건물은 조연이다

작은 땅이나마 숲을 이루게 하고 집은 그 속에 숨은 듯 자리 잡아야 한다. 우리가 자연의 일부를 점거했다면 반대로 자연에도 무언가를 되돌려 주는 자세가 필요하다. 나무와 그늘, 꽃과 물과 바람이 어우러지고 새들이 모여드는 공간을 만들어야 하는 것이다. 자연에 어울리지 않게 값비싼 재료를 자랑하며 덩그러니 서 있는 집보다는 자연에 파묻혀서 어느 것이 자연이고 어느 것이 집인지 모를, 자연과 하나 되는 집을 생각해 본다. 정원 없이 사는 것은 영혼 없는 삶과 같다는 영국 속담이 있다. 그들은 정원과 꽃에 대한 사랑이 정말 남다르다. 건물을 아무리 잘 짓는다 해도 정원이 없다면 그저 빈껍데기에 불과하다. 그것이 설령 대궐이라 해도 마찬가지다.

83

자연이 가장 훌륭한 스승이다

정원을 떠올리면 우선 큰 나무 몇 그루 심고 적당한 위치에 연못을 만들고 돌을 배치하고 작은 나무들과 풀꽃들을 정교하게 채워가는 일본 정원이나, 물가를 따라 잘 포장한 산책길을 만들고 높은 담으로 구획하여 건축미를 담은 중국 정원이나, 꽃들은 여기저기 이렇다 할 질서 없이 자연스레 모아 심어 울긋불긋 화려한 영국 정원 등은 쉽게 떠올리지만, 정작 우리만의 정원으로 금새 떠오르는 스타일은 없다.

우리나라 전통 정원은 형식에 얽매이지 않고 뚜렷한 틀로 고정되지 않는 특징을 갖고 있는 데 기인한다. 그러다 보니 한동안은 자연석을 거칠게 쌓고 연산홍이나 향나무, 잔디를 심는 어설픈 일본 스타일을 흉내낸 정원이 많았다. 우리 땅은 예로부터 금수강산으로 불릴 만큼 집에서 조금만 나서면 사방이 천연의 정원이었다. 조상들은 수많은 계곡과 골짜기 등 자연이 빚어낸 아름다움을 풍류 그대로 즐겼다. 따라서 구태여 자연을 집으로 옮겨와 꾸밀 필요가 없었으리라 여겨진다. 오늘날에도 역시 우리가 스승으로 모셔야하는 것은 사방에 널려 있는 자연이다. 바위와 돌 사이 물의 흐름, 넘어질 듯 서 있는 소나무와 숲길, 억새풀이 흔들리는 들판, 개울이나 바닷가 바위들의 자연스런 조합 등 이 모든 것을 마음에 담아서 작게나마 자연의 디자인을 옮겨 오는 일이다. 비록 완벽하지는 않더라도 기존 어설픈 전문가의 손을 빌리기 보다는 나만의 소박한 정원과 꽃밭을 만들어 볼 수도 있는 일이다.

84

녹색의 녹색카펫, 잔디의 허실

정원에 나무를 심을 때 우선 큰 나무부터 심고 그 아래 바위를 놓거나 키 작은 관목들을 심는다. 땅바닥이 평지일 경우에도 흙을 돋우어 언덕과 경사지를 만들면 자연스러워 보인다. 높낮이가 있는 지형에 따라 관목들이 촘촘하게 군락을 이루면 꽃이 없는 계절에도 눈이 즐겁다.

연산홍이나 철쭉, 회양목 그리고 향나무 등이 흔히들 심는 나무다. 연산홍의 경우 병충해 피해가 거의 없고 꽃 피는 시기와 꽃의 색이 종류마다 달라 선택의 폭이 넓다. 야생화는 꽃이 필 때뿐이고 특히 겨울철엔 맥문동 말고는 아무것도 남지 않기 때문에 관리가 쉬운 관목의 선정에 관심을 기울이면 좋다. 전원생활과 함께 많은 이들이 떠올리는 풍경은 잘 손질된 잔디가 카펫을 깐 듯 펼쳐진 정원이다. 아름답고 깨끗한 초록색 풀밭에서 친지들이 모여 식사하고 뛰노는 모습만으로도 충분히 매력이 넘친다. 그러나 이를 유지하기 위해서는 때 맞춰 잔디를 깎아야 하고 수시로 잡초를 제거해야 한다. 정원 관리는 잡초와의 전쟁이라 할 수 있다. 신은 결코 잡초를 만들지 않았다지만 정원을 가꾸는 이들에겐 여간 귀찮은 존재가 아니다. 또한 잔디는 뿌리가 깊지 않기 때문에 물을 저장하지 못한다. 따라서 빗물 대부분이 그대로 흘러 하수구나 하천으로 배출된다. 짧게 다듬어 놓으면 자체 그늘도 없어서 더운 여름날엔 지열을 높여 토양이 사막화될 우려도 있다. 우리나라는 이미 물 부족 국가로 환경 보호 차원에서라도 잔디 면적을 최소화 하는 방향으로 정원 디자인을 하는 편이 바람직하다.

손이 많이가는 아기자기한 정원을 만들고 가꾸는 것도 좋지만 가능하면 자연 그대로 두는 부분을 포함하는 것도 좋은 방법이다. 자연에서 감탄했던 곳을 잘 보아두고 기록해 두었다가 부분적으로 집에 재현하면 좋을 때가 있다. 그래서 자연에서 보게되는 수려한 경관을 지나치지 말고 내 것이 되도록 그 가능성을 염두에 두고 항상 마음에 담아두는 습관이 필요하다. 이러한 습관은 자연을 깊게 보는 관찰력까지 만들어 준다. 우리들이 지나치는 평범한 어느 곳에나 스승은 있다.

우리나라 남녘 담양에 있는 소쇄원은 부연 설명이 필요 없는 조선시대 선비의 정원을 보여주는 중요한 곳이다.

그저 원래 있던 평범한 물길을 그대로 두고 담이나 두르고 정자를 짓는 것이 고작이어서 인위적으로 물길을 바꾸거나 늘리는 일도 하지 않는, 한가한 자의 정원이라 할 만하다. 그야말로 평범한 곳에 돌을 고이고 담을 쌓아 그 밑으로 원래부터 물이 흐르던 대로 흐르게 하고 있다. 담을 기초로 받치고 있는 돌들을 보면 전문가의 솜씨라고 하기에는 어설퍼 보여 자칫 허물어질 것 같다.

우리네 선조들은 이런 과시하지 않고 다소 부족한 듯한 미학을 하나의 덕목으로 만족하고 즐겼던 것 같다. 요즈음 디자인이 넘쳐나는 세상과는 크게 비교가 된다.

85
좋은 나무는 후손에게 물려줄 자산이다

정원에 심을 나무를 고르는 일은 개인 취향이나 나무의 모양새로만 결정해서는 안 된다. 속성수를 심으면 얼마 지나지 않아 심을 때와는 완전히 다른 정원이 되어버려 곤란해질 수 있다. 이런 나무들은 정원이나 마당 가운데에서 멀리 떨어진 곳에 심어야 하며, 매실이나 감나무 등의 과실수도 마찬가지다. 잎이 많은 나무는 그늘을 제공하고 무성한 자태에서 오는 풍요로운 분위기가 있지만 낙엽 처리가 부담이다.

봄철에 화려했던 목련은 꽃잎이나 나뭇잎이 커서 주위가 쉽게 지저분해진다. 가을의 단풍도 마찬가지로 낙엽이 떨어져 쌓이면 그로 인한 부담도 만만치 않다는 점을 고려해야 한다.

또 하나 주의할 것은 참나무과의 도토리나무와 상수리나무다. 이들이 크면 낙엽 또한 멀리 날려 보내 때때로 지붕 배수구가 막히기도 한다. 또 느티나무는 너무 크게 자라기 때문에 집 안의 정원수로는 적합하지 않다. 땅에 여유가 있는 것이 아니라면 다시 생각해 보는 게 좋다. 물론 그렇더라도 오랜 기간 굵게 키워낼 수만 있다면 목재 가치로는 가장 경제적인 수종이다. 건축 자재나 가구 제작에 사용하는 경우 그 가치는 상상 이상이다. 후손들을 위해 물려줄 자산으로도 이만한 것이 없을 듯하다.

86

내 마당에 있는 꽃은 이미 야생화가 아니다

꽃을 좋아하지 않는 사람은 없겠지만 전원 생활을 하면서부터는 특히 야생화에는 큰 관심을 가지게 된다. 야생화는 피는 시기가 제각각이고 종류도 많아서 공부를 해야만 제대로 가꾸고 즐길 수 있다. 여기서는 정원을 만드는 관점에서 야생화에 관한 몇 가지 기준을 제안한다.

첫째, 잔디같이 땅을 덮는 지피용이 중요하다. 좀씀바귀, 돌나물, 둥글레, 방울꽃, 백리향 등이 좋다. 둘째, 꽃도 중요하지만 꽃이 지고 난 후 남아있는 잎새 모양이 우수한 것을 선택한다. 돌단풍, 기린초 등이다. 셋째, 계절에 관계없이 항상 볼 수 있는 풀이나 교목이 좋다. 맥문동, 연산홍, 말채류 등을 추천한다. 넷째, 그늘용, 습지용, 물가용 등 지형에 맞는 품종을 선택한다. 개승마, 동이나물 등이 있다. 다섯째, 담장이나 절벽에서 늘어뜨리는 품종도 고려해본다. 인동초, 담쟁이덩쿨, 줄사철, 으름, 등나무 등이다. 여섯째, 계절별로 꽃을 볼 수 있는 계절 꽃은 대개 꽃이 지고 나면 형태조차 없어지는 품종이 많다. 따라서 그 자리에 지피식물이나 계절에 관계없는 식물과 함께 심어야 정원의 항상성이 유지된다. 선별의 기준보다 더 중요한 것은 야생화라는 이름 그대로 야생에서 존재하던 것이기에 인위적으로 옮기거나 번식시키면 한두 해는 존재하다가 끝내 볼 수 없게 되는 경우가 생긴다는 사실이다. 처음부터 과잉투자를 할 필요는 없다. 때마침 조건이 생육에 잘 맞게 되면 개체수를 늘려 번성하기도 한다. 어떤 경우에는 심지도 않았는데 어디서 온 것인지 잘 적응하며 자리 잡는 모습을 볼 때도 있다. 오랜 시간이 지나면서 처음 의도와는 달리 자연 스스로 만들어가는 정원을 보게 되는 것이다.

자연생활의 즐거움은 수 많은 풀꽃들과 나무의 이름부터 알아 두는것으로 시작되고 그런 후 라야 드디어 멋진 세상이 눈에 들어오고 친숙해 지게 마련이지만 자연에서의 생활은 잡초와의 싸움이다.
잔디밭이나 채소밭, 정원의 꽃밭을 가리지 않는다. 보기 좋게 가꾼다는 것은 그만큼 노력을 각오해야 할 일이다. 제초제를 사용하지 않는다는 전제하에 많은 방법을 동원해 보지만 만족할 만한 방법은 없는 듯하다.

[그림]에서 보듯, 보도블록이나 두꺼운 판석을 깔고 그 사이에 꽃을 심거나 채소를 심는다면 걷는 데도 좋고 정리된 정원에 강약을 주고 잡초 뽑는 일을 반 이상 줄일 수도 있어서 좋은 방법이 될 수 있다. 두툼한 보도블록은 잔디와 달라서 지열을 높이지 않아 수분 증발을 막기도 한다. 물의 저장성도 좋은 편이다.

87

조경에 최고 수종은 역시 소나무다

우리에게 어울리는 정취를 가장 잘 표현하는 나무는 역시 소나무가 제일이라고 생각하게 된다. 일 년 내내 잎이 푸른데다 줄기가 멋있게 구부러져 있으면 우리 고유의 운치가 있는데다가 조각 작품으로 감상할 가치도 있다. 게다가 우리 소나무는 이웃 일본이나 중국의 소나무와는 금세 구별할 만큼 뛰어난 멋이 있다. 소나무 한두 그루만으로도 사는 이의 여유와 정서가 보이는 듯하다. 요즈음 나무를 옮겨 심는 기술이 발달해 있기는 하지만, 그래도 굳이 적합한 계절을 따진다면 성장을 멈춘 겨울이라고 할 수 있다. 이미 한 번 옮겨 심은 적이 있는 소나무는 살아갈 확률이 높기 때문에 가격도 비싸다. 하지만 확률이 다소 떨어지더라도 값이 비교적 싼 새 소나무를 들이는 것도 괜찮다.

육안으로 보는 소나무 선별기준은 다음 세 가지로 요약된다. 첫째, 기둥 껍질이 터진 모양과 색을 본다. 옷을 잘 입었다고 표현하는데 보기에 거북등처럼 갈라져 있고 붉은색을 띠고 있을수록 좋다. 둘째, 줄기가 구부러진 정도와 균형미, 줄기가 곧게 자란 것도 있고 처진 것도 있으며, 뒤틀리고 기형처럼 구부러진 것도 있다. 굵기가 같더라도 가격은 천차만별이다. 멋지게 구부러진 것일수록 귀한 대접을 받는다. 셋째, 잎의 건강 상태와 색깔, 모양을 본다. 위 세 가지 가운데 두 가지만 좋다면 좋은 소나무라고 할 수 있다. 소나무는 성장 속도가 더디고 형태가 급변하지 않아서 믿을 만하다. 또한 주위의 땅을 산성으로 만들기 때문에 산성을 좋아하는 연산홍이나 진달래를 곁에 심어 가꾸기에 아주 좋은 조건이기도 하다.

땅속에 있는 물기도 흐르도록 해야 한다

마당에서 땅 위로 흐르는 물은 자연스럽게 흐르게 하든지 집수정(集水井)이나 트렌치 등 배수구를 만들어 외부로 내보내면 된다. 그런데 정작 중요한 것은 보이지 않는 땅속 흙도 젖어 있다는 사실이다. 땅속 물은 급하게 흐르지는 않지만 고여서 썩지않게 낮은 곳으로 흘러갈 수 있도록 물길을 터주어야 한다.

마당이 ㅁ자로 되어 있고 집의 기초도 줄기초로 연결되어 있든가 지하실이 있어 물길을 막는다면 물은 고이게 된다. 그리고 폐해는 서서히 드러난다. 물 빠짐이 좋지 않은 지역에서는 심하면 수압에 의해 집이 밀릴 수도 있고 방수에 치명적이 될 수도 있다. 더구나 이렇게 물이 찬 마당 위에 심은 나무들은 뿌리가 썩어 온전할 수 없는데 그 가운데서 특히 소나무들은 살아남지 못한다. 평면이 ㅁ자가 아니라 ㄷ자 혹은 ㄹㄹ인 경우도 물의 흐름을 막고 있는지 확인해야 한다.

옛 한옥의 ㅁ자 집들은 기초가 땅속으로 내려가 있지 않았기에 큰 문제가 없었는데, 지금은 동결선 밑으로 기초를 깊게 내리면서 물을 가두어 놓기 때문에 문제가 된다.(페이지 187 도면 19 참조)

대가족이 모여 살도록 지은 집이다. 할아버지 내외를 포함, 네 명의 부부와 두 명의 자녀가 기거하도록 하여 요소요소에 중정을 요령 있게 두어 프라이버시가 보장되도록 하는 재치가 돋보인다.
집안일을 가사도우미에 의지하고 있어서 영역이 셋으로 나누어져 있다. 첫째가 공적 성격을 띄는 하얀색 부분이고, 둘째가 주인실을 포함한 사적인 부분, 셋째가 도우미 구역이다. (회색 부분)

똑 같은 기능을 다른 설계로 대지에 펼쳐 지었다면 꽤나 혼잡하고 면적도 많이 차지하고 그에 따른 공사비도 만만치 않았겠지만, 이처럼 정리된 프로그램으로 인해 단순 처리되고 있다. 겉으로는 폐쇄적으로 보이나 내부에 많은 중정을 두어 안에서는 개방감을 주고 있다.
즉 건물 외관은 단순하게 닫혀 있지만 안으로는 수많은 중정을 둬서 안에서 보면 개방감 있는 공간들이 이 집의 특징이다. 이때 네모난 마당들의 배수에 주의해야 한다.
땅 위의 배수보다도 땅속의 물 빠짐이 나쁘면 나무뿌리를 상하게 하고, 건물 기초에 압력을 준다.

① 입구　　　　⑪ 공부방
② 입구 화장실　⑫ 욕실
③ 거실, 응접실　⑬ 자녀방
④ 중정　　　　⑭ 부부침실
⑤ 주방　　　　⑮ 도우미식당
⑥ 식 당　　　　⑯ 다용도실
⑦ 안채 거실　　⑰ 가사도우미실
⑧ 주침실　　　⑱ 도우미 입구
⑨ 수납실　　　⑲ 차고
⑩ 욕실 사우나

도면 38

이 집은 실제로 지어진 집이다. 평면도에서 대강 설명했지만 하나의 성채처럼 지어져 있다.
겉모양은 외부공간과 단절된 듯 폐쇄되어 있어서 답답해 보이지만, 내부는 방과 방 사이에 모두 중정이 있어 각 방의 프라이버시를 만드는 역할을 하는 데다 채광과 환기를 해결하고 정원으로서 조경의 역할을 한다. 어찌 보면 이 수많은 중정을 만들기 위해서 집을 지은 듯 여길 정도이다.

이처럼 익숙하지 않은 집을 통해서 폐쇄적인 외벽과 더불어 그 속에 감춰져 있는 중정들과 방의 배치를 눈여겨볼 필요가 있다.
이 때에 많은 중정들이 땅 위에서는 보이지 않는 땅 속의 물기를 기초 벽으로 가두는 일 없도록 그 물길을 터주어 낮은 쪽으로 흐를 수 있도록 세심한 배려가 있어야만 한다.

벽의 한쪽을 움푹 들어가게 하여 벽이 가구가 되게 디자인되어 있다. 고정가구가 되기 때문에 밑바닥 청소도 필요 없고 좌우가 벽으로 막혀 집중력이 좋고 사용하지 않을 경우도 벽 자체가 집안의 포인트가 된다.

89
현관문을 드러내지 말자

사람들의 왕래가 있는 길가에 집이 있게 되면 사는 사람의 사생활이 자칫 외부로 노출될 수 있게 된다. 따라서 프라이버시 보호나 안전을 위해서 넓은 창이 있는 거실이나 현관에 이르는 길의 직선적인 진입 방식은 피하는 것이 좋다.

즉, 길가의 대문에서 현관 문이 빤히 보이지 않도록 해야 겠지만, 또 열린 현관문을 통해 집안을 들여다 보이게 하지 말아야 한다. 건물 배치 관계로 어쩔 수 없이 됐을 경우에는 조경에 의해서라도 차단하는 방법을 강구해야 한다. 겨울철을 생각하면 편백나무처럼 사철 푸른 잎이 무성한 수종을 선택하는 것이 좋다. 경우에 따라서는 멋진 가림벽을 설치하고 그 벽을 이용해 장미 덩굴이나 계절별 꽃 식물로 장식할 수도 있을 것이다. (도면 [19], [20], [21], [23], [25] 참조)

지름길이 좋은것만은 아니다.

편리와 기능만을 강조하다 보면 집 안은 물론이고 마당에서도 사람의 동선을 되도록 짧게 하려고 노력하게 된다.

그 결과 대문에서 현관까지 최대한 직선으로 된 길을 만들어 빠르고 여유 없이 걷는 경우를 자주 보게 된다. 그러나 집에서의 산책공간이야말로 자연 속에서 누릴 수 있는 여유라고 할 수 있다. 비록 좁은 마당이지만 가능하면 길을 늘려 돌아 걷도록 동선을 길고 느리게 하는 지혜가 필요하다. 이왕이면 평면에서 벗어나 조금 높은 언덕길을 만들어 그 위에서 정원을 내려다 본다면 더 좋은 방법일 수 있다.

나의 마당의 사계절과 미미하게 조금씩 바뀌는 세밀한 자연의 변화를 살피면서 산책할 수 있는 시간을 갖는 즐거움을 놓치지 말아야 한다.

① 입구와 주차장
② 현관
③ 현관 홀
④ 탈의실, 수납 화장실
⑤ 기계실
⑥ 세탁실
⑦ 작업실
⑧ 창고
⑨ 주방
⑩ 식당
⑪ 서재
⑫ 거실
⑬ 1층상부
⑭ 침실
⑮ 주침실
⑯ TV시청실
⑰ 지붕
⑱ 1층 정원

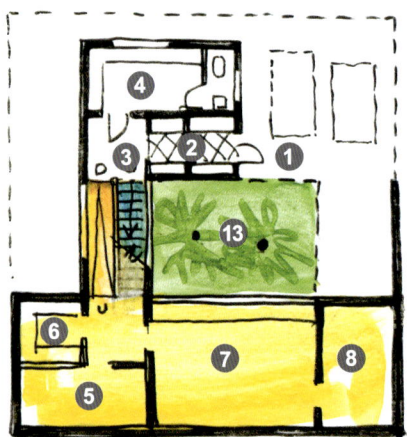

도면 39

2층 구조의 집이 반 층씩 엇갈리면서 중간층이 만들어진 집이다. 그러니까 계단을 통해서 위층으로 오르다가 중간에서 방향을 돌릴 때 그곳에 한 층을 더 만든 것이다. 완만한 경사지의 땅에서는 쉽게 만들 수 있는 형식이다. 중간층에서는(파란색 부분) 정원⑬과 주차장, 그리고 현관홀을 내려다볼 수 있고 반 층 위로 침실층(붉은색)을 올려다보게 된다.

지하층(노란색)의 입구 부분은 땅속에 반쯤 묻히고 뒷부분은 반 이상 다 묻힌다. 그 위에 있는 식당층(파란색)은 입구 쪽으로 반 층 들려 있고, 반대편인 남쪽으로는 1층집같이 지면에 가까이 있다. 이 집은 계단과 경사로 두 종류의 방법을 모두 사용했는데 현관홀③에서 식당층(파란색)을 오르내릴 때만 계단을 사용하고 나머지 이동은 램프를 사용하고 있다. 중정의 나무는 그 주변을 에워싸고 있는 시설들에게 좋은 볼거리를 제공한다.

아랫층의 현관에서 계단을 통하여 반층을 올라 식당에 올라서서 중정과 그 너머의 역시 반층 높이의 침실쪽을 보는 그림이다.
보통의 2층 집과는 달리 이렇게 반층씩 엇갈리게 연결하는 것은 서로의 공간이 단절되지 않고 긴 연속성이 유지되면서 비교적 공간의 구분이 명확해 진다는 장점이 있게된다.
식당층 에서는 아래의 현관이나 마당, 그리고 주차장을 내려다 볼 수 있어 집 전체의 통제가 가능해 진다. 또 다른 의미로, 하나의 공간으로 만들어 지는 원룸 스타일을 입체적으로 확대한 것으로 생각 할 수도 있다.

91
텃밭도 정원처럼

본격적인 정원을 가꾼다거나 농사를 어느정도 규모있게 짓는 경우가 아니라면 정원과 텃밭을 접목시켜 재치있고 색다른 정원을 생각 해 볼 수도 있다.

채소가 자라서 먹거리가 되면서 어떤 형태를 갖는지 각각의 생태를 파악 하는것은 흥미로운 일이기도 하지만 채소들의 잎이나 형태의 특성을 고려하여 화초들과 함께 배치 한다면 멋지고 색다른 정원을 만들 수 있는 것이다. 물론 채소와는 별개로 화초들의 생태도 파악하여 그야말로 살아있는 정원이 되기위해 관심 갖는 자체가 벌써 자연과 생명을 온 몸으로 체득하는 보람있는 기회가 되기도 한다. 어쨋거나 사소한듯한 내 땅의 생명들을 경영 하면서 제 각각의 개체들을 관리 한다는 차원에서 뜻있는 사람들에게는 관심 갖을 만한 일이 될것이다.

참고로 한련화나 금잔화는 꽃과 꽃잎이 모두 식용 가능한 식물 이면서 채소 밭에 둘러 심게되면 강한 향기와 뿌리의 특수 성분으로 인해 해충의 접근을 막아 준다.

정원에 꽃을 심으면서 채소와 함께 가꾸는 것도 생각해 볼만하다. 먹거리와 볼거리를 함께하는 샘인데, 싱싱한 채소도 심기에 따라 볼거리가 될 수도 있다. 채소밭은 자주 드나들어야 하기 때문에 그 사이에 보도블록이나 나무톱밥을 두툼하게 깔아 간격을 유지하면 좋다. 꽃이나 채소는 고정으로 자기 자리가 정해진 것이 아니니까 비워진 자리는 때에 맞춰 아이디어로 채워 나가면 정원은 항상 변화가 있는 곳이 된다.

92
차고나 창고도 집이다

농촌생활에서 창고는 클수록 좋다. 처음엔 너무 크지 않나 싶어도 나중엔 좁다고 느껴질 것이다. 집을 다 짓고 나서 남은 자재는 훗날 보수를 생각해서 보관할 필요가 있기도 하지만 비닐하우스 수준의 임시 창고 밖에 지을 수 없다면 쓰고 남은 자재는 과감하게 버리는 게 낫다. 석재나 타일 종류는 다른 용도로도 쓸 수 있으나 대부분의 자재는 건물보다 먼저 폐품이 되어 버릴 확률이 높다. 살면서 요긴하게 쓰일 여러 가지 도구나 연장들, 심지어 장비들까지 창고에 보관해야 하는데 그 수는 자꾸 늘어갈 것이다. 따라서 철지난 건축 자재까지 무작정 보관하는 것은 다시 생각해 봐야 한다. 창고는 집을 설계할 때부터 염두에 두고 집을 공사할 때 함께 짓도록 한다. 자재도 본 건물과 똑같이 사용해서 외관상 어느 것이 본 건물이고 어느 것이 창고인지 분간 못할 정도로 일체감이 있어야 멋진 곳이 된다.

나중에 달아내어 짓거나 부속 건물로서 본체와 전혀 다른 디자인으로 지으면 어울리지 않는 건물들이 함께하며 서로 미관의 질을 떨어뜨리게 된다는것을 명심해서 단일 디자인의 건물이 군을 이루며 만들어내는 멋진 효과를 놓치지 말자.(페이지 320 그림 참조)

93
어떤 것에 건 매이지 말자

전원에서 살며 도시에서는 불가능했던 동물을 키우거나, 농작물을 능력껏 재배하는 꿈을 꿀 수도 있다. 경우에 따라서는 그것 자체를 목표로 자연 속에 터를 잡을 수도 있다. 그러나 살아 있는 것을 키울 때는 대대적인 본 업으로 하지 않는다면 자칫 처음 예상과는 다르게 어려운 처지를 자초하게 된다. 이웃이나 가족에게 부탁하고 자리를 비울 수 없는 처지라면 식물이나 동물에 매인 삶이 된다.

경험자들의 말을 빌면, 스스로 생존하지 못하는 것은 포기하는 편이 좋다고 한다. 집을 잘 지어놓고서 유지 관리 때문에 자유로울 수 없다면 결국 감옥에 갇힌 셈이 될 수 있다는 것이다.

간단한 일로 대수롭지 않게 생각되는 것일 수도 있지만 작은 호기심이나 감상적 취미로 인해 소중한 자유를 잃지 말아야 할 일이다.

이 집은 차고와 본 건물, 2개로 구분되어 있다. 입구①는 두 건물 사이 틈새에 있고 (지붕이 덮혀 있음) 이 곳을 지나면 차고에 가려서 보이지 않던 테라스⑭ 앞의 정원이 드러나게 된다.

입구의 짧은 골목은 불규칙하게 좁아 졌다가 넓어지는 기법이 사용되고 있고, 건물도 마찬가지로 사선을 사용하여 좁았다가 넓어지게 하여 동적인 멋을 드러내 보이고 있다.
현관홀③에 들어서면 거실이나 식당을 한눈에 파악할 수 없어 집이 실제보다 훨씬 넓어 보인다. 식당과 주방은 미닫이문으로 거실과 구분되어 있어서 음식물 냄새를 완전 차단할 수 있다. 또 식당⑤과 현관홀③ 사이 간이 식탁 위에 있는 유리 미닫이창을 닫으면 식당은 완전하게 폐쇄된다.
냉장고나 세탁기 같은 기계 소음에서 침실은 되도록 먼 곳에 자리를 잡고 있다. 안주인 코너⑨는 입구①와 테라스⑭ 등과 마주하는 자리에 있어서 밖의 출입 동정을 잘 살필 수 있고 밖의 테라스에 차양을 설치하면 옥외 생활이 더 자유로워질 수 있다. 차고와 현관과의 관계도 잘 정리되어 있다.

① 입구　　　　⑩ 침실
② 현관　　　　⑪ 욕실
③ 현관홀　　　⑫ 탈의실
④ 거실　　　　⑬ 주침실
⑤ 식당　　　　⑭ 테라스
⑥ 주방　　　　⑮ 차고
⑦ 보조주방　　⑯ 수납
⑧ 다용도실　　⑰ 화장실
⑨ 안주인코너　⑱ 정원용 창고

도면 40

몇 채로 나뉜 집은 본채와 창고와 주차건물로 구성되어 있다.
집을 한 채로 덩그렇게 짓는 것에 비해 몇 채로 나누어 마당을 가운데 두고 배치하게
되면 그 사이사이의 공간과 함께 이용하기에 따라 쓰임새 있는 장소가 생겨나기도 하지만 전체가 한가지 방식으로 디자인되어 있어서 일체감을 주어 보기에도 편해 보인다.

여름철에는 시원한 바람이 지나는 길목이 있고 겨울에는 양지발라 따뜻한 곳도 있게 된다.
규격화된 바둑판처럼 줄 맞춰 들어선 질서를 이룬 곳에서는 생각하기 힘든 멋이기도 하다.
게다가 예기치 못한, 살면서 찾아내는 뜻밖의 보너스 같은 좋은 공간이 생긴다면
자연의 고마움을 귀중하게 받아들이게 된다.

가능 하다면 이웃에 새로 들어서는 집도 똑같은 재료와 규모의 크기로 지어진다면 전체가 하나의 그림으로 멋진 동네가 될 수 있는 일이다.

94

농업을 생업으로 하는 것이 아니라면,
농지규모를 최소화하자

생업으로 농사지을 각오가 되어 있지 않다면 농지 규모는 대폭 줄이는 게 낫다. 그저 소일삼아 재배한 것들이 정작 본인이 소비하기에는 남아돌아 도시의 친지들에게 나누어 준다 해도 대부분 받는 쪽에서도 별다른 도움이 되지 않을 수 있다.

뿐만 아니라 이러한 행위가 주변 농민의 생업을 방해하는 것이 되기도 한다. 무심코 취미나 소일삼아 하는 일이 의도치 않게 지역사회에 피해를 줄 수도 있다는 이야기다. 정말도 도움 되는 일은 이웃의 품질 좋은 생산물을 눈여겨 봐 두었다가 소비해 주는 것이다.

자연에 내려와 살면서 대개의 경우, 처음에는 넓은 땅을 가꾸고, 생각 나는 모든 것들을 심고 가꾸길 거듭하다가 어느 사이엔가 점점 시들해지고 지쳐가는 것을 보게 된다. 이러한 경우, 오히려 반대로 처음에 작은 규모로 시작했다가 경험과 요령이 생기면 차츰차츰 넓혀 가는 편이 더 나을 것 같다.

95
자연에 산다는 것은 축복이다

자연 속에 산다는 것은 하나의 축복이라 할 만하다. 좋은 물과 바른 먹거리와 더불어 깨끗한 공기 속에서 살아갈 수 있기 때문이다. 사람으로 인한 번거로움에서 떨어져 있고 교통체증으로 인한 시간낭비도 없어서 내가 내 삶의 주인으로 살 수 있다. 물로 말하면 도시에서 생수를 돈으로 살 수 있고 성능 좋은 정수기를 사용할 수도 있지만, 그 물로 설겆이는 물론 목욕이나 빨래까지 하지는 않는다. 입에 들어가는 것만 생수를 사용한다면 눈 가리고 아웅하는 격이다. 자연에 산다는 것은 물 하나만으로도 벌써 건강한 삶이 시작된 것이고, 그밖에 많은 것을 자연에서 얻으며 부자로서 살아간다는 것을 의식해야 한다.

주위에 마침 이웃이 있는 곳이라면, 처음엔 낯설더라도 어느 정도 시간이 흐르면 도시에서 와는 또 다른 넉넉한 곳에 살고 있음을 알게 된다. 사방에 널린 풀꽃들과 나물들, 시골의 장터, 이웃의 미소들, 남을 의식할 비용과 시간의 절약, 그리고 검소한 일상들에 속해 있음을 감사할 때 자연 속의 산다는 것은 축복임에 틀림없다. 그 속에 내가 의도한 집과 공간을 들여놓고 있다면 가히 성공한 인생이라 할 만하다.

96
살수록 고마운 집을 위한 선택

우리는 일상을 살아가면서 오늘은 무엇을 먹을 것인가? 그리고 어떤 옷을 입고 나설 것인가? 하는 사소한 선택에서부터 수많은 경조사를 맞으면서 그때마다 봉투에는 얼마를 넣을 것인가? 라든가 누구에게 투표 할까 하는 정치적 선택을 하기도 한다. 어렵기로는 마치 그림 그릴 때와 같이 언제 붓을 놓아야 적당할까 라던가 한참 일이 잘 풀리거나 지위가 높이 올라갔을 때 도중에 그쳐야하는 최적의 순간을 선택해야 하는 어려움도 있다.

배우자의 선택이나 직업이나 직장의 선택도 있고 어디서 살 것인가와 어떻게 어떤 모습으로 죽을 것인가 까지 그야말로 삶이 시작되면서 끝날 때까지 선택의 굴레에서 벗어 날 수 없는 것이고 보면 사람이 산다는 것은 끝없는 선택의 과정이라고 보아도 결코 과장은 아닐 것이다.

그 가운데 성공이 있고 반면에 실패가 있는 것을 보면 본인에게 맞는 올바른 선택을 위해서는 평소에 내공을 쌓아야 될 일인 듯 싶고 보험을 들어 둔다거나 평소 훌륭한 멘토를 따르거나 종교적 신앙등에 인생을 담보하는것도 방법이 될 수 있겠다.

집을 짓는다는 것은 역시 삶의 행위와 범주안의 일이고 보면 역시 하나에서 열까지 그야말로 수많은 선택의 과정은 피할 수 없는 일이 된다. 따라서 이 책은 전편을 통하여 선택해야 하는 여러 가지 것들을 이야기

했고 특히 자연속에서 살아가면서 멋진 나날들을 염두에 두고 살수록 고마운 집이라는 타이틀을 세우고 최소한으로 실수를 줄이기 위한 것들을 나열해 본 것이다.

선택의 주체는 어디까지나 개인적인 사항인 것은 말 할나위 없거니와 선택하는 동안 결국 본인 자신이 누구인지가 드러나는 것을 확인하는 작업이라는 것도 앞서 이야기 했다.

집 짓기위한 배치라든지 세부적인 문제들을 염두에 두고서 나를 포함한 가족 구성원도 배려하며 모두의 삶을 아우르는 큰 틀을 집이라는 그릇 속에 담아 내도록 해야한다. 그것도 잔칫집에 초대되어 화려하게 차려진 먹음직한 음식들을 한정된 작은 내 접시에 한 두점만을 선택하는 과정이랄 수 있다.

욕심내다 보면 미처 소화도 못시키는 바람직 하지 못한 결과를 초래하게 된다.

그렇다면 나는 물론 내 가족이 요구하는 입맛은 어떤 것인가?
집을 만들면서 거실이나 주방 그리고 욕실 등 여러 곳 가운데 과연 어느곳을 중심 시설로 하고 살아야 할까? 하는 것에 대한 선택이야말로 그 과정을 포함하여 집짓기에 있어서는 중대한 일이라고 할 수 있다.
반면 자연에서의 개성있는 생활을 잘 드러내 보인다고 할 수 있는 풀꽃

가꾸기와 수종 선택과 배치의 문제에 이르게 되면 예비지식의 빈곤에 난감 해 질 수 있고, 그 결과 결국 어디서나 보게 되는 진부한 정원으로 귀결되기도 하지만, 이러한 것들은 살면서 여러 계절을 거치는 동안 보완이 가능한 유동적 사항이기에 큰 문제가 되지 않는다고 본다.
그렇지만 한번 결정되고 나면 거의 수정이 어려운 것들의 선택에는 신중해야 한다. 집의 기본 틀을 결정짓는 것들로서 재료나 행태도 있지만 더 근본적인 것들을 다시 정리하며 요약하여 적어 본다.

전원을 찾아 나선 목적을 상기하면서건강에 관한 것을 우선으로 하는 경우, 좋은 물의 확보는 물론 친환경이나 유기농재배 시설이나 스포츠 설비 등을 구비하기 위한 건축과의 연관성을 검토해야 되지만, 동호인의 모임이라면 여러집을 짓다보면 그 배치상 발생하는 좋은 위치와 그렇지 못한 집의 필연적 우열을 극복하는 대책도 세워야 하고, 공동시설과 개인 공간의 배분과 장기적 안목으로 일상적 단조로움에 대한 대책이 있어야 한다.
또, 아울러 생산자로서 가공식품을 만들고 판매를 염두에 둔다면 경쟁력 제고를 위한 환경의 전략적 가꾸기와 시설 그 자체가 개성이 되기 위한 배려도 생각 해야 하고, 전원생활에 겸해서 멋진 환경을 내세운 패션운영이나 예쁜 찻집, 나아가 음악실이나 책방 등 상업적 기능의 가능성을 고려한다든가, 개인적 취미 시설로서 작업실로서 공방이나 전시실들을 장만할 때 그 시설들이 살림집과 분리하여 독립된 출퇴근용인가 아니면 주택의 일부분인가도 선택해야 하고, 상업적인 측면이 아니더라도 내방객이 남 다르게 많다든가 모임이 잦은 사교생활을 염두에 둔다면 주택과의 균형도 고려 할 것이고, 위에 말한 모든 것들을 외부에 공개하는 개방형일 때 이 집의 주제는 규모에 있는가? 환경인가? 서비스인가?의 선택이 따르게 된다.

이상의 것들은 사정에 따라 몇 가지를 선택 할 수도 있고 다 배제 될 수도 있다. 사람마다 각기 다른 취향으로 인해 각자 선택은 자유로울 수 있는 문제이기도 하고 여기에 나열 된 이외의 선택도 할 수 있다.

노력에 따른 만족할 만한 결과를 얻는다면 내실을 다진 멋진 주거 문화로 각자 개성을 만들었다고 말할 수 있게된다. 그 결과는 우리 사회를 풍요롭게 만들게 되는 것이다. 다시 말하면 각자의 성공이 우리 전체의 성공과 연결되어 있다는 것이다.

97

안목키우기

집을 떠나 여행길에 나서면 새로운 분위기와 공간을 경험하며 감탄 할 때가 있다. 그렇기에 예측 못한 환경에 대한 호기심과 자극을 받기위해 여행을 꿈꾸게 되는것 같다.
내가 만든 것이 아니지만 널려있는 매력을 즐길줄 아는 사람이 바로 주인이라는 말을 실감하게 된다. 여기서 한발 더 나아 간다면 그냥 즐기며 지나가는 것에 그치지 말고 그 경험으로 인해 안목이 넓어지고 앞으로 살아가는데 있어서 긍정적인 효과를 얻는다면 여행만한 선생님도 드물다 할 것이다. 즐기면서 배운다는 것은 1석2조라고 할 만하다.

특히 건축적인 경험은 그 가시적인 성과가 클 수 밖에 없다. 점진적으로 안목이 달라지고 우물안 개구리에서 벗어나게 된다면 우리네 세상은 그야말로 폭이 넓이지고 개성이 넘치는 곳이 될 수 있겠다.
오래전 일본에 갔을때, 우리네 전통적인 개다리 상이라는 밥상들을 수십개 들여와 마치 자기 물건인양 사용하고 있는 것을 보며 충격을 받은 적이 있었다.
우리가 모르는 사이에 안목 있는 이 들은 우리가 소홀히 한 우리것을 가지고 풍요롭게 자기화하여 즐기고 있는 예를 들어 보았다.

98

집의 완성

혹시 그림이나 조각 등 미술품을 한 점이라도 구입 해 본적이 있는가? 라는 질문을 받는다면 대부분 당혹스러울 것이다. 우리네 현실로 보면 부끄럽게도 5천년의 유구한 역사를 지닌 문화 민족과는 거리가 너무 멀게 대부분 예술과는 동떨어져 있는것을 인정해야 되겠다. 여기서 왜 이런 이야기를 하는가? 그동안 우리 주위의 예술가들은 이러한 현실 속에서 어떻게 살아가고 있는가를 알아보려는 것이 아니고 이제라도 우리의 본 모습을 한번쯤 들여다 보려는 것이다. 혹시 소위 명품이라는 것에 매료 되어 유행에 뒤지지 않는것을 신분 상승으로 착각하고 있지나 않았는지? 돌아 볼 필요도 있다.

집을 짓게 되면 그 내부에는 여러 가지 집기나 가구, 살림살이가 들어가 채워지게 된다. 그 가운데 격조있는 그림이나 조각 혹은 공예품이나 골동품 등 장르에 관계없이 간직하고 아끼고 있는 수장품이 들어서면 집안은 개성있는 표정이 만들어지고 그 자체만으로도 훌륭한 인테리어가 되고 향기있는 건축의 최종적인 완성이 된다. 구태여 값 비싼것이 아니어도 상관없다. 뒤집어 말하면, 나만의 수장품이 없이 살고 있다는 것은 유명한 인테리어 디자이너가 설계한 집이라 해도 그안의 나는 그저 세상의 수많은 여러 사람 가운데 한명인 아무개 일 뿐이고 집으로서는 격을 갖추지 못한 그저 영혼없는 빈 집일 따름이다.

99
내 집은 고마운 곳인가?

사람이 사노라면 세간살이가 불어나게 되는것이 일반적이라고 할 수 있다. 시간이 지나면서 몸에 익숙해지면서 물건들이 정돈되지 않고 나 뒹굴어도 본인에게는 거슬리지 않게된다. 사용하고 있는 입장에선 편한 것으로 생각하면 별 일도 아니지만 정작 조금 떨어져서 보게되면 무질서와 게으름으로 드러나 보이기도 한다.

아파트와는 달리 마당 넓은 곳에서 매번 모든 도구들을 사용하고 나서 제 자리에 잘 정돈 한다는 것은 결코 쉬운 일이 아닐 뿐 더러 오히려 그 자체가 노동이 되기도 한다.
처음부터 장소를 구분하여 일터를 한정 해 둔다든가 정리 정돈을 위한 선반같은 시설이나 충분한 창고가 준비 되어 있어야 겠지만 자연속에서 사는 삶 자체가 주위는 어지러운체 흙 먼지 묻은 허름한 작업복과 더불어 고생스러움에서 헤어나지 못하는듯 보인다면 딱한 일이 될 수도 있다.

모처럼 찾는 친지들에게는 일손을 줄여 주는 도움이 못돼 미안하게 되고 그나마 시간까지 뺏는 일이 된 듯하여 부담을 줄 수도 있다.
본인에게는 자연스럽고 당연한 일이건만 시골 생활이 힘드는 곳으로만 비칠 수도 있게된다. 다시 말하면 이 곳의 삶이 얼마나 멋진 일인지 보여 주지는 못한다 하더라도 일에 치여 늘 고생하는 곳으로 비치지는 않는지 돌아 보아야 한다. 작업복 일지언정 헌 옷 같은 아무 옷이나 걸치지 말아야 한다.
힘든 노동 뒤에는 테이블 위에 꽃과 과일이나 차가 준비된 기분 좋은 휴식이 있고, 개성과 삶의 향기가 있는 곳이 되어 본인은 물론이고 보는 이에게도 행복을 전파하는 장소로 가꾸어 나가는 것이 좋다.

나의 이러한 배려가 나와 주위의 다른 이에게도 좋은 곳이 되는 정말 고마운 집이 되도록 하고 있는지 스스로 돌아 볼 일이다.

100
기록물의 정리

집을 짓는 만큼 중요한 것은 처음부터 완성까지 전 과정을 기록으로 잘 정리하고 보관해야 하는 일이다. 언젠가 있을지 모를 보수 공사에 대비를 해야 하기 때문이다. 이러한 일이 당연한 것인데도 대개의 경우 우리사회는 어찌된 셈인지 거의 무시되고 있는 것을 보게 된다.

개인의 경우는 물론이고 공공영역의 공사도 그 기록이 없어서 쓸데없이 땅을 이곳저곳 중복하며 파헤치는 것을 보게 되면서 우리네 고질적 습관을 보는 것 같아서 딱하게 생각된다. 특히 전기 배선이나 냉난방, 그리고 급배수의 배관 등 설비 시설의 위치가 정확하게 기록 되어 있어야 하는 것은 이후 큰 낭패를 피하는 길이 된다. 건물 안 보다도 밖의 마당에 묻힌 배관이나 배선의 위치는 실제 땅 위에 알아 볼 수 있도록 불편하지 않는 범위에서 돌을 깔아 두는 식으로 표식을 해 둔다면 나중에 큰 도움이 된다.

지금은 사소하게 보이는 공사비의 지출 내역이나 거래처 까지도 정리해 둔다면 훗날에 도움이 될 수 있는 일이다.

101
최종단계에 이르러

여러 과정을 거치면서 잘 계획되어 만들어진 개성있는 삶을 담아내는 멋진 집이 세워지고, 그리고 그 안에 나의 인격이 들어서서 그 향기가 집을 채우게 되면, 이제야 이룰 수 있는 마지막 단계에 도달된 셈이라 할 만하다. 결국 좋은 집이라는 것은 그 안에 살아가는 나와 내 가족의 품격의 수준에 의해서 완성의 정도가 달라지게 된다.

오래전 중국 한나라에 유우석 이란 사람이 "누실명(陋室銘)"이라는 시를 남겨 놓고 있는데, 별 볼일 없는 누추한 집이라도 사는 이의 향기가 있는 한 결코 초라한 집이라 할 수 없음을 노래하고 있다. 여기에 그 한 부분만 원문과 함께 소개한다.

山不在高, 有仙則名. (산불재고, 유선즉명)
산이 소중하다는 것은 그 높음이 있지 않으니 신선이 있으면 곧 유명하고
水不在深, 有龍則名. (수불재심, 유용즉명)
물이 깊음에 있지 않고 용이 있어야 좋은 곳이 될수있다.
斯是陋室, 惟吾德馨. (기시누실, 유오덕형)
이와같이 비록 누추한 집이라 하더라도 오직 나의 덕이 있을때 향기가 나는 좋은 곳이 된다.

요약하면, 결론적으로 초라한 집이거나, 반대로 애써 지은 좋아보이는 집 일지라도 그 안에 사는 나의 인격에 의해서 좋고 나쁜집이 결정 된다는 이야기를 끝으로 이책, 살수록 고마운 집 이야기는 여기서 마무리 하도록 한다.

에필로그

나의 집이 곧 나다

면밀하게 검토하고 설계하여 나에게 맞춘 집을 완공하면 이제부터 그 안에서의 삶은 집이라는 프로그램에 맞춰진다. 새로운 일상의 반복이 또 시작되는 것이다. 여기에서 자연 속 일상이란 무엇인지 그동안의 경험을 이야기해 보려고 한다.

일반적으로 1년은 12개월이고, 한 해의 시작은 1월 1일이며 마지막은 12월 31일이다. 그러나 한 해가 끝나고 새날이 되었다 하지만, 달력만 새것을 바뀌었을 뿐 명확한 구분은 없고 어제와도 달라진 것도 없다. 그러나 자연에서의 삶은 도시와 비교했을 때 식물에 가까운, 나이테가 있는 삶이다.

자연의 1년은 3월이 시작이고 10월이 끝이다. 즉 8개월이 1년인 셈이다. 12개월이 아니라 8개월을 한 해로 살아야 하기 때문에 당연히 바쁠 수밖에 없다. 새싹이 돋고 꽃이 피어 봄인가 하면, 곧이어 장마 지고 무더운 여름이 오고, 또 잎들이 지고 추수하는 가을이 되어 겨울을 맞으며 휴식으로 들어가면 자연의 시계가 잠시 멈춘다. 이러한 리듬은 겨울의 4개월이라는 여분의 시간을 만들어 주는데, 이 기간은 휴식시간으로서 인생에 나이테를 만드는 시간이기도 하다. 자연에 몸담은 사람들에게는 값진 시간이어서, 새로운 기회로의 도약을 준비한다든가 문화생활을 즐긴다든가 또는 지인과 교류하거나 여행을 간다든가 하면서 성숙하고 내실 있는 삶을 생각하는 시간이 된다.

내가 지어낸 집이 이러한 리듬에 정말 좋은 반려자로서 그러한 공간을 확보하고 또 기회를 제공하는지를 최종적으로 점검해 보아야겠다.

도시를 떠나서 사는 삶은 당연히 장단점이 있기 마련이다. 장점을 즐기면서 살 수 있다면 더 할 이야기가 없지만, 같은 환경도 사람에 따라서는 다르게 받아들일 수 있다. 조용하고 단조로운 시간을 좋아하고, 혼자서 스스로 일을 만들어 가며 즐기는 이가 있는가 하면, 집 안에 있기보다는 밖에서 여러 사람이나 사건을 만나 어울리는 것과 그 관계를 좋아하는 외향적인 이도 있다. 이런 이야기를 하는 것은, 자연에 내려와 살 수 있는 사람과 그렇지 않은 사람이 이미 정해져 있다고 보기 때문이다. 평소부터 가족의 뜻이 일치한다면 다행한 일이지만 맞지 않는데 참고 지내는 것은 결코 쉬운 일은 아니다. 그러나 각기 취향이 다른데 어느 쪽이 설득하여 자연을 선택하는 경우, 집은 당연히 그 조건에 맞춰 충분히 배려를 하며 설계하고 준비해야 한다.

창밖에 펼쳐진 자연 풍경은 보는 것만으로도 휴식이다. 약속이 없는 생활이기에 시간에 구속되는 일이 없고 24시간을 온종일 나의 의지대로 살아갈 수 있다. 번거로움에서 떨어져 있다 보니 자주 볼 수 없는 친지나 벗들은 멀리서 듣는 소식으로 반갑다.

요즈음은 인터넷 등 통신망의 발달로 각종 정보가 넘치는 세상이니 어디에 있든 큰 불편이 없고, 가까이 있는 좋은 이웃들은 형제가 따로 없다. 지난해에는 이웃들이 건넨 김치로 김장도 필요 없었다. 의료 시설의 열악함을 걱정하는 이들도 있다. 사실, 이제는 아주 외진 곳이 아니라면 읍 단위에도 의료서비스가 잘 갖춰져 있고 쉽게 이용할 수 있어

아주 큰 질병이 아니라면 줄서서 기다리거나 까다로운 절차와 예약도 없어 오히려 편리한 점이 많다. 가끔 외롭고 무섭지 않느냐고 걱정스레 묻는 이들도 있다. 이럴 땐 딱히 해 줄 말이 없고 그저 빙그레 웃는 것으로 대답한다. 어떻게 살든 우리 모두는 빈손으로 왔지만, 언젠가는 모든 것들을 남기고 가야만 한다. 이것은 어쩔 수 없는 기정사실인데, 기왕이면 쓰레기보다는 훨씬 값진 유산을 남기기를 희망해 본다. 우리 몸을 건전지에 비유한다면, 허락된 주어진 에너지와 능력을 다 쓰고 가는 삶을 생각해야 할 것이다.

이 세상의 그 많은 곤충부터 동물까지 모두 자기만의 집을 짓고 산다는 사실은 불가사의한 영역으로 그야말로 경이 그 자체다. 까치는 나무 위에 자기만의 집을 짓고 벌들은 벌집을 지으며 개미는 개미굴을 파서 질서 있게 모여 산다. 이들이 집짓는 습관은 같은 종이라 해도 지역마다 다르고 처한 환경에 따라 다르다. 내가 거미집을 지어 살 수 없고 벌집 속에서 살 수 없듯이, 내가 다른 이의 집에서 살 수는 없는 것이 맞다.

나만의 집을 만들었을 때 정체성이 드러난다. 내 집은 내가 설계하고 만들어야 하는 것이다.

이 책에서 예로 제시한 내용 가운데 어떤 것도 곧바로 내 것이 될 수는 없다. 또한 그것들이 완벽한 조건을 갖춘 것도 아니다. 다만 이것이 자료가 되고 길잡이가 되어 내 집 만들기의 단초가 될 수는 있을 것이다. 쉬운 일은 아니지만 집을 짓는 일은 스스로를 확인하고 찾는 기회이기도 하다. 우리의 5천 년 역사에서 내게는 처음 있는 기회로 삼아야 한다. 필자가 지금 살고 있는 집은 여러 해를 두고 열심히 궁리에 궁리를 거듭하며 완벽을 목표로 지었건만, 살아가는 동안 아쉬움이 여러곳에서 드러나고 있다. 이는 어쩔 수 없는 나의 한계임을 실감한다. 또 기회가 주어진다면 계속 수정하며, 혹은 책으로라도 수정본을 만들며 보완할지도 모르겠다. 나는 내가 겪으며 살아온 힘들었던 시대를 사랑한다. 그때는 많은 것이 부족했거나 아예 없었기 때문에 필요한 거의 모든 것은 스스로 손으로 두드려가며 만들거나, 그려내야만 했다. 필요한 전화번호는 모두 외워야 했고, 계산기 없이 셈을 하며 웬만한 거리는 걸어야만 했다. 또 열심히 일해야만 살 수 있었고, 그렇게 일하는 것 외에는 달리 할 일도 없었던 때이기도 했다. 그래서 오래전부터 몸에 밴 습관으로 지금껏 손으로 직접 그림을 그리고, 펜으로 글을 쓰며 살아오고 있다.

요즈음 처럼 모든것이 편리하고 풍요로운 세상이건만 이를 탓하고 사는 이들을 보면 딱하다는 생각이 드는것은 어쩔 수 없지만, 시절을 거슬러 올라가 살기를 권할 생각은 없다. 따라서 이 책의 내용이 시대를 거스르는 삶을 강요하지 않기를 바라고 또 그에 대한 오해도 없기를 바란다.

끝으로 지금 기거하고 있는, 새 미술관의 일부를 이루고 있는 주거 부분을 소개한다.

상촌재는(도면 36) 자연에 처음 내려와 살면서 15년간 살던 집이었고, 지금의 이송헌은 그 이후에 몸담고 있는 집이다. 〈도면 41〉은 미술관의 한 부분인 주택만을 보여주고 있다. 참고로 미술관은 전시관을 비롯하여 오디오실과 화실, 그리고 주거시설의 3 부분이 한 건물로서 이루어져 있다.

우측의 도면 이송헌은 필자가 지금 기거 하고 있는 곳으로 이곳은 미술전시실과 오디오실 그리고 주거 시설을 포함하고 있다. 도면은 그 가운데 일부인 주거시설만 보여주고 있고, 나머지 시설은 뒷장에 사진으로만 간단하게 보여주고 있다.

입구마당㉕은 전시실의 일부로서 주거 시설만을 독립적으로 보여주고 있고 옆의 다른 시설들은 생략되어 있다. 입구①는 남측의 테라스㉓과 음악실의 입구를 겸하고 있다. 현관②은 아랫층 차고에서 올라오는 계단㉔과 연결되어 그 사이에 긴 마루⑯가 있어서 동시에 많은 신을 벗어도 혼잡하지 않도록 면적을 확보하고 있고, 손 씻는 시설과 실내 옷으로 갈아입는 탈의실③이 준비되어 있다.
그리고 (도면 42)의 ②에 표시된 곳에서 외부의 광선이 들어 오도록 스카이 라이트⑤가 만들어져 있다.

실내에 들어 오면 현관홀④ 전면에는 천정으로 부터 빛이 들어 오는 스카이 라이트⑤가 있어서 그 아래에는 공기 정화용 식물을 키우는 작은 온실이 자리하고 있다.
주방과 식당은 비교적 넓게 자리하고 있다. ⑧, ⑨, ⑩, ㉖
식탁⑨를 가운데 두고 ⑧은 직접 음식을 요리 하지 않는 음료를 취급하는 곳이고 ㉖은 불을 사용하는 곳으로 별도로 위치 한다.
거실⑪은 서재로 사용하고 있고, 주 침실⑱ 앞은 전실격인 옷 수납고⑫에는 모든 옷들이 보관되고 있어서 침실 안에 옷장이 없다. 주 침실⑱은 그 주위가 방으로 둘러져 있어서 단열 효과가 좋다.
그리고 남측의 마루방과 주위의 문을 개방하게 되면 실내 공기의 순환이 자유로워 진다.
또 하나의 침실⑳인 북쪽의 방은 외벽이 가구와 창고로 둘러 쌓여 있어서 단열이나 밖의 소음 차단을 위한 중요한 수단이 된다.

지금까지 보아온 (도면 41)은 방 구조에 따른 기능을 설명한 것이고 다음 페이지에서 보는 (도면 42)는 건물 안 곳곳에 숨겨있듯 존재하는 작은 기능이나 장치들을 보여 주고 있다.

① 입구
② 현관
③ 현관의 탈의실
④ 현관홀
⑤ 상부: 스카이 라이트
　하부: 미니 온실
⑥ 손님용 화장실
⑦ 샤워실
⑧ 차 서비스
⑨ 식탁
⑩ 주방
⑪ 서재
⑫ 탈의실
⑬ 주부서재
⑭ 화장실
⑮ 세면과 세탁
⑯ 샤워실
⑰ 욕실
⑱ 주인침실
⑲ 마루방
⑳ 손님방
㉑ 창 벤치
㉒ 북쪽 창고
㉓ 주방앞 테라스
㉔ 차고와 연결계단
㉕ 입구앞 마당
㉖ 보조주방

도면 41

이 도면은 집이 갖고 있는 여러 가지 작은 기능을 보여주고 있다. 눈에 쉽게 드러나지 않는 사소한 것들이라 생각 할 수 있지만 실생활을 유지하는데 없어서는 안될 것을 포함하고 있다.

주방 끝에 있는 배기 장치⑧는 조리대 상부 환기 후드와는 별도로 가스레인지 옆에 강력한 배기팬을 설치하여 요리 중에 환기를 시키는 시설이다. 이때 효과를 높이기 위해 식당 측의 실내와 단절하기 위한, 평소에는 열려 있는 문⑱을 닫게 된다.

천장이 있는 스카이라이트 자리 하부의 ④, ⑤, ⑥ 시설은 일종의 덕트 스페이스로 위아래 층의 진공청소 및 전기통신과 난방 설비를 위한 장소로 쓰이고 있다.

① 현관 식품고
② 지하 채광
③ 세탁실
④ CCTV 모니터
⑤ 난방분배기(하부)
⑥ 시스템
　　진공청소기
⑦ 전기오븐과
　　가스레인지
⑧ 주방 배기 장치
⑨ 외부 물 부엌
⑩ 책장
⑪ 내복장
⑫ TV
⑬ 화장대와
　　주부서재
⑭ 세탁물 수거함
⑮ LPG가스
⑯ 신발장
⑰ 천정 열교환기
⑱ 행거도어

이송헌 내부를 사진을 통해 들여다 보기

이송헌 건물 입구 부분으로 사진 좌측에는 전시관 입구의 계단이 보이고, 전면의 문이 열린곳으로 주거시설과 오디오실의 입구가 된다.

주거 시설의 입구 확대

주택 대문으로 접근하기에 앞서서 남측 정면의 테라스가 먼저 눈에 들어 온다. 이곳은 유리 지붕으로 되어 있어서 눈이나 비의 영향을 받지 않게 된다.

테라스는 반 그늘 공간이며 1층에서 들어 섰지만, 남측으로는 2층 높이로 되어 있어 전망이 트인다. 뒤쪽의 주방과 바로 면하고 있어서 사용하게 편리하다.

현관은 "L"자 형태로 되어 있고 정면 먼 쪽에는 채광과 환기용 창문이 있다.
손을 씻을 수 있게 되어 있고 전면 좌측은 탈의실이다.

현관홀에서 거실에 이르는 복도, 우측 벽 천정은 높게 틔어있고 그 곳으로부터 햇빛이 들어온다. 따라서 아래는 작은 온실이 되고 있고 또 그 아래에는 난방용 분배기기가 들어서 있다.

남측창을 정면으로 한 거실전경 한쪽 벽은 책꽂이 이며 반대편은 음향기기가 준비되어 있다.

거실의 주 쓰임새는 서재로 되어있고 TV 수상기도 없고 음악을 듣도록 음향기기만 갖추고 있다.

거실에서 현관 쪽으로 돌아 걷게 되면 좌측 벽 한켠으로 천정이 높고 위는 스카이 라이트가 설치되어 자연채광이 가능하다.

비교적 긴 식탁을 중심으로 그 뒤쪽의 공간이 본 주방이고 앞의 시설을 홈빠에 해당되는 곳이어서, 동시에 2군데서 물과 불을 사용이 가능하다.

우측의 빨간색은 문으로서 주방으로 또 하나의 출입구가 된다.

햇빛을 필요한 만큼 창가에 얻도록 하고 있다.

이송헌 전시실 부분

주택 입구를 빗겨 옆으로 내려가면 중정이 있다.
이 곳에서 전시실과 음악실로 연결되기도 하지만 반원형의 썬큰 가든과도 연결된다.

지하층이자 1층으로 되어있는 반원형 계단식 정원은 다목적 쓰임새가 있는 곳이다. 주위의 나무들을 삼림욕 효과가 좋다는 나무로 둘러저 있다.

이곳의 전시관은 두 개의 층으로 되어 있고 전면에 보이는 계단으로 연결된다. 이원 아트의 대부분의 전시시설들은 자연광을 간접적으로 사용하고 있어서 에너지 절약에 큰 비중을 두고 있다. 도시처럼 항상 전등을 켤 수 없기 때문이다.

이송헌 오디오실

오디오 실의 전경.
몇 개의 스피커가 전면을 차지하고 있고 천정은 뒤로 갈수록 높아진다.
마찬가지로 바닥도 뒤로 갈수록 넓어지고 있다.

오디오실이기에 음향효과 위주로 설계되어 있어서 바닥과 벽면은 불규칙한 형태로 되어 있다. 음향기기의 소스부분은 감상자의 가까운 곳에서 조작 하도록 하고 있다.

스피커가 설치된 쪽 벽면은 반사재가 쓰이고 있고 맞은 편 벽과 천정은 흡음재가 쓰이고 있따.
우측의 낮은 천정부분의 방은 앉아서 차를 마실 수 있는 별도의 공간이고 그 한켠에는 서재가 있다.

이원아트빌리지

건축가가 만드는 풍경

이원아트빌리지는 충청북도 진천군 이월면 미잠리 라는 곳에 자리 잡고 있다. 거의 1만평 되는 땅에 여러 동으로 나누어 전시관들과 주택을 짓고 벌써 20년이 넘게 살고 있다.

건물을 지으면서 같은 때에 소나무를 들여와 사이 사이에 심어 지금 보면 건물과 소나무가 뒤 섞여 마치 소나무를 피해 가며 집을 지은 듯 보인다. 소나무와 생태적으로 궁합이 잘 맞는 진달래와 연산홍을 그 아래 땅을 덮을 만큼 심고, 그 사이 사이에 갖가지 많은 종류의 야생화를 공부해 가며 심었는데 이 일은 순전히 아내의 몫 이었다.

미술관에 꽃을 심고 가꾸는 것이 좋은 방법이 아닌 것이 상식화 되어 있지만 내부 공간 위주의 미술관에서 먼 곳으로부터 찾아 오는 관람객에게 아쉬운 곳이 되지 않으려는 배려에서 자연을 가꾸는 데 큰 비중을 두게 된 것이다. 따라서 건물도 하나로써 커다랗게 현대식으로 짓기 보다 소박하게 작게 여러 동으로 나누고, 경사지 조건을 그대로 살려 내 땅에 맞춰 마을을 이루듯 사이 사이가 골목길이 되고, 크고 작은 외부 공간들을 두어 천천히 걷고 구석 구석을 돌아 보게 하도록 만들었다. 보기에 따라서는 예기치 못한 골목길을 위한 설계라고 생각할 수도 있다.

이 작업은 아직도 계속 되고 있으며, 시간이 흐르면서 세월의 흔적이 연륜으로 쌓여가는 그러한 장소와 문화공간이 되어 동시에 건축가가 만든 하나의 풍경으로 자리하기를 바라고 있다.

이원아트빌리지 (부분)

대문에서 미술관의 전시실까지 이어지는 소나무 숲 언덕길을 걷다보면 오픈된 작은 마당을 만나게 된다.

오른 쪽에는 입구로 부터 오는 길이 있고 우측으로는 큰 전시관에 이르는 계단이 있다. 이 마당에는 여러개의 작은 건물로 둘러져 있다.
이 곳의 전시관은 하나의 큰 건물로 되어 있지 않고 작게 나뉘어 넓은 땅에 흩어져 있다.

미술관 전시장 앞의 첫 번째 만나는 마당.
이곳을 주위로 여러개의 전시장이 있고 경사진 땅에
맞춰 배치되어 있어서 건물들이 포개져 중첩되게 보인다.

전시실의 내부: 도시 안의 시설이 아니기 때문이기도 하지만 에너지 절약 차원에서도 전기 사용은 자제하고 있고 조명은 자연광을 간접으로 사용하고 있다.

전시실 안에 있는 중정. 각기 건물마다 자기 스타일의 마당들을 갖고 있다.

앞 마당에서 전시실에 이르는 계단으로 이벤트의 장소가 되기도 한다.
계단 건너편으로 보이는 지붕들은 목련 마당을 에워싸고 있는 건물이다. 역시 여러개의 작은 건물들로 나뉘어 있고, 각 건물마다 마당을 갖고 있는 것을 알수있으며 각 마당들은 골목길로 연결된다. 전체적으로 마을을 이루고 있어서 이름도 아트 빌리지가 되고 있다.

전시실과 전시실 사이의 골목길로 이 곳을 지나게 되면 좌측에 행사를 치루는 큰 마당이 있고 우측으로는 작은 연못을 지나 야생화 전시관이 있다.

목련을 마당 가득 심어 그 잎새들의 그늘에 덮혀 있는 네모 반듯한 곳이다. 안동 봉정사의 영산암 뜰을 의식하며 만들어진 곳이기도 하지만 길은 여러 방향으로 열려 있어서 다음 마당들로 연결된다.

목련뜰에서 바로 인접한 작은 마당으로 경사진 땅으로 인해 지하층의 선큰 가든처럼 보이기도 한다.
빽빽하게 들어선 큰 나무들로 인해 항상 짙은 그늘속에 있게 된다.
마당은 아래 위 두 층으로 되어 있고 계단을 지나는 윗 부분은 밝은 곳이 된다.
이곳에 있는 나무들은 모두 집을 지으면서 동시에 옮겨 심은 것으로서 원래부터 존재하고 있는듯 자연스러운 곳이 된다.

마당에서 사방 여러 갈래고 나뉘인 길들이 있고 그 가운데 아트숍으로 연결되는 입구가 있다.
이 골목길로 들어서면 도자기 전시실과 커피숍도 있고 공방이 있는 마당으로도 막힘이 없이 연결된다.

좁은 골목길은 몇 번 굽어져 있어서 바로 그 끝이 감춰져 있고 그 길 도중에 좌우사방으로 시선을 끄는 여러 가지 볼 것도 있다. 우측 위에는 공방 마당이 있다.

이 곳에 산재하고 있는 여러개의 크고 작은 마당의 하나로서 야생화 전시관인 예원당의 조용한 앞 마당이다.
단풍나무 그늘이 가득한 곳이기도 한데 계단을 오르면 소나무 숲이 있다.

전시실인 예원당의 내부. 이곳에는 이원아트 빌리지에서 피고 지는 200여가지의 야생화를 사진으로 모아서 전시하고 있다.

이 곳에서 해마다 피고 지는 할미꽃으로 예원당에 사진으로 전시 되고 있는 것의 하나.

이원아트빌리지의 주종을 이루는 나무인 소나무로써 전부 다른 곳으로부터 들여와 전혀 아무것도 없던 곳을 숲으로 가꾸고 집을 지어 가며 하나의 풍경을 만들고 있다. 시간이 지날수록 모든 풍경은 자리 잡아가며 원래부터 존재했던 것처럼 고유성을 띄게되고 자연스럽고 익숙해지며 전통이 만들어 지게 된다.

이 책이 만들어 지기까지 내 주위에 좋은 인연들이 있었음에
감사하며 일일이 그 고마움을 전할 길 없다.
도시에 비해 불편한 생활을 감내하며 나와 같이 살고 있는
동료 겸 아내 이숙경 관장에게 감사 한다.
그리고 30여 년 내 주위에서 책 편집에 관하여 손발이 되어주고 있는
최종택 이사를 비롯하여, 이 책 편집에 길잡이가 되어 준
통영의 '남해의 봄날' 의 정은영 편집인에게 고마움을 남긴다.